W0275183

Teubner Studienbücher

Informatik

Ehrig et al.: **Universal Theory of Automata**
A Categorical Approach. 240 Seiten. DM 24,80

Giloi: **Principles of Continuous System Simulation**
Analog, Digital and Hybrid Simulation in a Computer Science Perspective
172 Seiten. DM 25,80 (LAMM)

Hotz: **Informatik: Rechenanlagen**
Struktur und Entwurf. 136 Seiten. DM 17,80 (LAMM)

Kandzia/Langmaack: **Informatik: Programmierung**
234 Seiten. DM 22,80 (LAMM)

Kupka/Wilsing: **Dialogsprachen**
168 Seiten. DM 19,80 (LAMM)

Maurer: **Datenstrukturen und Programmierverfahren**
222 Seiten. DM 26,80 (LAMM)

Mehlhorn: **Effiziente Algorithmen**
240 Seiten. DM 24,80 (LAMM)

Oberschelp/Wille: **Mathematischer Einführungskurs für Informatiker**
Diskrete Strukturen. 236 Seiten. DM 19,80 (LAMM)

Paul: **Komplexitätstheorie**
247 Seiten. DM 25,80 (LAMM)

Richter: **Betriebssysteme**
Eine Einführung. 152 Seiten. DM 22,80 (LAMM)

Richter: **Logikkalküle**
232 Seiten. DM 24,80 (LAMM)

Schlageter/Stucky: **Datenbanksysteme: Konzepte und Modelle**
261 Seiten. DM 22,80 (LAMM)

Schnorr: **Rekursive Funktionen und ihre Komplexität**
191 Seiten. DM 25,80 (LAMM)

Spaniol: **Arithmetik in Rechenanlagen**
Logik und Entwurf. 208 Seiten. DM 24,80 (LAMM)

Vollmar: **Algorithmen in Zellularautomaten**
Eine Einführung. 192 Seiten. DM 21,80 (LAMM)

Wirth: **Algorithmen und Datenstrukturen**
376 Seiten. DM 26,80 (LAMM)

Wirth: **Compilerbau**
Eine Einführung. 94 Seiten. DM 15,80 (LAMM)

Wirth: **Systematisches Programmieren**
Eine Einführung. 3. Aufl. 160 Seiten. DM 19,80 (LAMM)

Fortsetzung auf der 3. Umschlagseite

Teubner Studienbücher Informatik

R. Vollmar
Algorithmen in Zellularautomaten

Leitfäden der angewandten Mathematik und Mechanik LAMM

Unter Mitwirkung von
Prof. Dr. E. Becker, Darmstadt
Prof. Dr. G. Hotz, Saarbrücken
Prof. Dr. P. Kall, Zürich
Prof. Dr. K. Magnus, München
Prof. Dr. E. Meister, Darmstadt
Prof. Dr. Dr. h. c. F. K. G. Odqvist, Stockholm
Prof. Dr. Dr. h. c. Dr. h. c. Dr. h. c. E. Stiefel †

herausgegeben von
Prof. Dr. Dr. h. c. H. Görtler, Freiburg

Band 48

Die Lehrbücher dieser Reihe sind einerseits allen mathematischen Theorien und Methoden von grundsätzlicher Bedeutung für die Anwendung der Mathematik gewidmet; andererseits werden auch die Anwendungsgebiete selbst behandelt. Die Bände der Reihe sollen dem Ingenieur und Naturwissenschaftler die Kenntnis der mathematischen Methoden, dem Mathematiker die Kenntnisse der Anwendungsgebiete seiner Wissenschaft zugänglich machen. Die Werke sind für die angehenden Industrie- und Wirtschaftsmathematiker, Ingenieure und Naturwissenschaftler bestimmt, darüber hinaus aber sollen sie den im praktischen Beruf Tätigen zur Fortbildung im Zuge der fortschreitenden Wissenschaft dienen.

Algorithmen in Zellularautomaten

Eine Einführung

Von Dr.-Ing. Roland Vollmar
o. Professor an der Technischen Universität Braunschweig

Mit 34 Figuren

B. G. Teubner Stuttgart 1979

Prof. Dr.-Ing. Roland Vollmar

Geboren 1939 in Braubach/Rh. Von 1958 bis 1964 Studium der Mathematik an den Universitäten Heidelberg und Saarbrücken, 1964 Diplom. Von 1965 bis 1969 wiss. Mitarbeiter bei Prof. W. Händler an der TU Hannover und an der Universität Erlangen-Nürnberg, 1968 Promotion. Von 1970 bis 1971 Leiter der Gruppe „Mathematisch-technische EDV-Anwendungen" bei den Buderus'schen Eisenwerken in Wetzlar. Von 1972 bis 1974 im Rahmen des interdisziplinären Forschungsvorhabens „Datenverarbeitung in Organismen und Rechenautomaten" (Leiter: Prof. W. Händler und Prof. W. D. Keidel) an der Universität Erlangen-Nürnberg tätig. Seit Oktober 1974 Inhaber des Lehrstuhls C für Informatik (Automatentheorie und Formale Sprachen) der TU Braunschweig

CIP-Kurztitelaufnahme der Deutschen Bibliothek

Vollmar, Roland:
Algorithmen in Zellularautomaten : e. Einf. / von Roland Vollmar. – Stuttgart : Teubner, 1979.
(Leitfäden der angewandten Mathematik und Mechanik ; Bd. 48) (Teubner Studienbücher : Informatik)
ISBN 978-3-519-02350-0 ISBN 978-3-322-96671-1 (eBook)
DOI 10.1007/978-3-322-96671-1

Umschlaggestaltung: W. Koch, Sindelfingen

Für

U t e und J e n s

Vorwort

Dieses Buch basiert auf Vorlesungen, die ich in den letzten Jahren an der Technischen Universität Braunschweig hielt.

Es soll dazu dienen, die Eigenschaften von (überwiegend) nichtnumerischen parallelen Algorithmen, die in Zellularautomaten implementierbar sind, anhand von charakteristischen Beispielen deutlich zu machen und dabei die hauptsächlich verwandten der bisher entwickelten Methoden aufzuzeigen. Es wird dabei weder versucht, Vollständigkeit zu erreichen, noch wird der Anspruch erhoben, eine ausgearbeitete Theorie vorzustellen. Auch auf Aufwandsfragen (Zeit- und Zustandskomplexität) wird nur gelegentlich eingegangen. Bedingt durch die außerordentlich schnelle Entwicklung der Mikroprozessortechnik rückt m.E. der breite Einsatz von Arraycomputern näher; da Zellularautomaten als Modelle von ihnen aufgefaßt werden können, hoffe ich, mit dieser Zusammenstellung auf die sich ergebenden Möglichkeiten aufmerksam zu machen.

Vor der Darstellung der parallelen Algorithmen werden in einem Kapitel einige Methoden der Standardisierung zellularer Räume beschrieben; dies soll dem mit dem Gebiet nicht vertrauten Leser ein Gefühl für Grenzen und Fähigkeiten zellularer Automaten vermitteln und ihn in die Arbeitsweise tiefer einführen.

Die relativ zahlreichen Hinweise auf weiterführende Arbeiten und auf in diesem Rahmen nicht behandelte Themen sollen eine Einordnung der angegebenen Resultate in das Gesamtgebiet erleichtern helfen und Anreize zur weiteren Beschäftigung damit geben.

Es wurde versucht, bei der Beweisführung den Nachdruck auf die Konzepte zu legen, was gelegentlich auf Kosten der vollständigen Ausführung geht. Eine detaillierte formalisierte Beweisführung mit z.B. expliziter Angabe von Überführungsfunktionen würde den Umfang sprengen und dem Charakter einer Einführung überdies nicht gerecht werden. Die Aussagen wurden, auch wo dies sehr leicht möglich gewesen wäre, nicht für beliebige endlich-dimensionale Räume formuliert, vielmehr wurde eine Beschränkung auf ein- oder zweidimensionale vorgezogen, was insbesondere auch im Hinblick auf mögliche Realisierungen gerechtfertigt erscheint.

Der Leser sollte die Grundbegriffe aus der Theorie der Algorithmen und insbesondere der Turingmaschinen beherrschen und über Grundkenntnisse aus der Theorie der Automaten und Formalen Sprachen verfügen.

Herrn Prof. Dr. G. Hotz danke ich für wertvolle Hinweise zum Aufbau des vorliegenden Buches.
Für zahlreiche Diskussionen, Anregungen und Hinweise schulde ich Dank den Herren W.O. Höllerer, J.G. Pecht und H. Szwerinski.
Gedankt sei außerdem allen Hörern der Vorlesungen, die durch kritisches Fragen Einfluß auf die Gestaltung des Textes nahmen.
Fräulein C. Greziak erstellte fast alle Zeichnungen, wofür ich ihr danke.

Braunschweig, im November 1978 R. Vollmar

Verzeichnis der Abkürzungen und Symbole

(Es werden i.allg. nur die häufiger benutzten Zeichen aufgeführt.)

Inhalt

0. Einleitung

Der Kampf ums Überleben wird entscheidend bestimmt durch die Geschwindigkeit mit der "das Erkennen von Mustern" erreicht werden kann, wie man am Beispiel einer Entscheidung, ob ein sich näherndes Objekt ein Feind oder ein Beutetier ist, sieht.

Im Hinblick auf die Taktzeiten im biologischen Bereich erscheint es zunächst verwunderlich, wie schnell solche Erkennungsvorgänge ablaufen: Die Geschwindigkeit der Nervenleitung bei Warmblütern beträgt größenordnungsmäßig 10^2 m/s und Schaltvorgänge in Neuronen können größenordnungsmäßig im Abstand von 1 ms vorgenommen werden.

Bekanntlich arbeitet die Natur mit dem "Trick" der Parallelisierung der Prozesse.

Bei der Konstruktion von Computern wurde dieser Weg ebenfalls beschritten
- sehr früh auf sozusagen mikroskopischem Niveau beim Übergang von bitweiser zu wortweiser Verarbeitung
- relativ spät auf höherem Niveau, dem Parallelisieren von Rechnerkernen bzw. vollständigen Rechnern.

Dieser letzte Schritt erfolgte wohl im wesentlichen deshalb so spät, weil es -unter Einbeziehung der Kosten für die Softwareentwicklung- ökonomischer war, Geschwindigkeitserhöhungen durch Verbesserung der Bauelemente zu erreichen. Dieser Weg führt jetzt nicht mehr wesentlich weiter -obwohl die durch die physikalischen Gesetze bedingte obere Schranke für Rechnergeschwindigkeiten, die von B r e m e r m a n n (siehe z.B. [CsB]) angegeben wurde, noch lange nicht erreicht ist-, so daß man nun entschlossen zur Parallelarbeit von Computern übergehen muß, wozu sowohl die Notwendigkeit als auch die Möglichkeiten -durch die LSI-Technik- gegeben sind.

Nach K u z n i a [Kuz] ist das Parallelverarbeiten so neu nicht: "Im vorigen Jahrhundert schickten die Astronomen Teilaufgaben der Ephemeridenrechnung, sogenannte Manipel, per Briefpost an ihre Kollegen. So wurde die Last dieser mühseligen Rechnungen auf mehrere Schultern verteilt."

Im ersten Kapitel werden die benötigten Bezeichnungen und Begriffe eingeführt. Dabei wird ausgegangen von dem sehr allgemeinen Konzept eines Polyautomaten als einer Zusammenstellung miteinander verknüpfter Automaten, die simultan arbeiten. Diese Auffassung wird präzisiert in Mosaikstrukturen, woraus dann durch Spezialisierungen weitere Typen, wie Mosaikräume, Zellularräume und Zellularautomaten, gewonnen werden.

Das zweite Kapitel ist dem Problem gewidmet, Zellularräume in möglichst einfache Gestalt zu überführen: Es wird darauf eingegangen, in welcher Weise und mit welchem Aufwand jeweils Rastergröße, Zeitbedarf und Zustandszahl reduziert werden können, wobei gewisse "trade-offs" auftreten. Außerdem wird die Berechnungsuniversalität von Zellularräumen demonstriert. Dies geschieht am einfachsten über die Simulation von Turingmaschinen in Zellularräumen; dabei wird allerdings von deren Fähigkeiten -der Möglichkeit der gleichzeitigen Bearbeitung von Informationen- fast kein Gebrauch gemacht. Intuitiv wird man aber erwarten, daß die wesentlich aufwendigeren Zellularräume -sie bestehen ja vollständig aus "aktiven" Elementen- gegenüber sequentiellen Automaten Vorteile aufweisen müssen. Wir werden in folgenden Kapiteln sehen, daß dieser Vorteil durch einen Zeitgewinn charakterisiert ist, allerdings nur für solche Aufgaben, die "dazu geeignet" sind. Grob gesagt ist dies immer dann der Fall, wenn die Aufgabe so beschaffen ist, daß mit simultan vorzunehmenden lokalen Entscheidungen globale Ergebnisse erhalten werden können. In [RFH] werden entsprechende Algorithmen als "kurzsichtige (myopische)" Algorithmen bezeichnet: "... An algorithm is myopic if, for each of the elementary activities into which the computation is divided, reference is made only to a restricted and well defined subset of the data on which the algorithm operates."

Obwohl wir im folgenden nur solche myopische Algorithmen betrachten werden, wollen wir doch die umfassendere Bezeichnung "parallele Algorithmen" gebrauchen, worunter Algorithmen verstanden werden sollen, die in Polyautomaten ablaufen.

Der Begriff "myopisch" macht noch keine Aussage darüber, in welchem Maße ein Algorithmus parallelisierbar ist, wie man am Beispiel von Turingmaschinenprogrammen sieht, die als myopische Algorithmen betrachtet werden können, andererseits aber ein ausgesprochen sequentielles Vorgehen festlegen.

Leider ist es nicht einfach festzustellen, ob sich ein Problem zur Parallelisierung eignet; deshalb werden wir hier einige Beispiele von Problemen angeben, die "schneller" mit parallelen als mit sequentiellen Algorithmen lösbar sind. Ein erster, noch recht allgemeiner Ansatz zur Untersuchung von Klassen von Algorithmen unter diesem Blickwinkel ist in [BöD] beschrieben: Für gewisse verallgemeinerte Markov-Algorithmen ist es möglich, zu entscheiden, ob sie parallelisiert werden können.

Wir werden Beispiele aus drei Klassen angeben. Obwohl diese Klassifikation nicht eindeutig ist, erleichtert sie m.E. die Diskussion dieser Probleme.

Die Beispiele von Mustermanipulierungsproblemen, die wir hier aufführen wollen, lassen sich folgendermaßen klassifizieren:

1) Synchronisationsprobleme: Als "Resultat" tritt eine Konfiguration aus einer endlichen, bekannten Menge von Konfigurationen auf.
2) Transformationsprobleme: (Fast) die gesamte Endkonfiguration stellt das Ergebnis dar. Endkonfiguration wird üblicherweise als stabil vorausgesetzt, d.h. erneute Anwendung der Überführungsfunktion bewirkt keine Veränderung.
3) Erkennungsprobleme: Das Resultat ("Muster gehört (resp. gehört nicht) zur Klasse") läßt sich i.allg. an einer ausgezeichneten Zelle ablesen.

In allen drei Klassen sind naheliegenderweise Algorithmen von Interesse, die mit möglichst wenigen Zuständen und kleinem Raster in möglichst kurzer Zeit das Ergebnis liefern.

Das aufgestellte Klassifikationsschema erhebt nicht den Anspruch, alle in Polyautomaten behandelten oder behandelbaren Probleme zu erfassen. So ist die unten skizzierte Selbstreproduktion von einer anderen Struktur (da u.a. üblicherweise die "Endkonfiguration" nicht stabil im obigen Sinne ist), aber auch andere einfache Erzeugungsmechanismen, z.B. ein Taktgeber oder einer zur Ausgabe (einer bestimmten Anzahl) von Fibonacci-Zahlen ließen sich nicht ohne größere Anstrengungen einordnen. Möglich ist dies aber wieder für arithmetische Probleme, z.B. Matrizenmultiplikation, die bei geeigneter Formulierung als Transformationsproblem verstanden werden kann.

Zum Schluß wird eine Simulationssprache beschrieben, die bei der Entwicklung paralleler Algorithmen hilfreich sein kann.

Welche Zusammenhänge bestehen zwischen parallel arbeitenden Rechnern und Polyautomaten?

Ähnlich wie die Automatentheorie mit den endlichen abstrakten Automaten und mit den Automaten mit Bändern Modelle des klassischen Universalrechners zur Verfügung stellte, können zellulare Automaten als Modelle von parallel arbeitenden Rechnern betrachtet werden. Wenn auch nicht angenommen werden darf, daß die Ergebnisse der Theorie direkt Anwendung finden können, so glaube ich doch, daß die Beschäftigung mit ihr das Denken in "parallelen Abläufen" erleichtert.

1. Begriffe und Definitionen

In diesem Kapitel werden die grundlegenden Begriffe eingeführt, insbesondere Mosaikstrukturen, Mosaikräume, Zellularräume und Zellularautomaten, und es werden zugleich Hinweise auf in diesem Buch nicht näher behandelte Automatentypen gegeben, um eine Einordnung leichter zu ermöglichen.

Wir werden uns weitgehend an die (übersetzte) Terminologie von S m i t h [Sm6] anlehnen. Er benutzt als Oberbegriff für das uns hier interessierende Gebiet die Bezeichnung "Theorie der Polyautomaten", wobei er einen Polyautomaten auffaßt als "... a multitude of interconnected automata operating in parallel to form a larger automaton ...".

Zunächst benötigen wir einige Bezeichnungen:

$\mathbb{N} := \{1, 2, \ldots\}$ sei die Menge der natürlichen Zahlen,

$\mathbb{Z}$ die der ganzen Zahlen.

$\mathbb{N}_0 := \mathbb{N} \cup \{0\}$

Wir verwenden $\vee$ für das logische Oder, $\wedge$ für das logische Und, $\neg$ für die Negation und als Quantoren

$\forall x$: mit der Bedeutung "für alle x :"

$\exists x$: mit der Bedeutung "es gibt ein x :" .

Wir setzen die naive Mengenlehre als bekannt voraus. $\emptyset$ ist die leere Menge. $\mathcal{P}(X)$ bezeichne die Potenzmenge einer Menge X .

Eine endliche, nichtleere Menge wird auch als Alphabet bezeichnet. Sei X Alphabet. Dann wird das freie Monoid von X mit $W(X)$ bezeichnet; e sei dabei das neutrale Element.

$W'(X) := W(X) \setminus \{e\}$.

Sei X eine Menge, so bezeichne $|X|$ die Mächtigkeit (Kardinalität) von X . $\mathbb{Z}^d$ ist das d-fache Cartesische Produkt von $\mathbb{Z}$, d.h. $\mathbb{Z}^d$ stellt die Menge aller d-tupel ganzer Zahlen dar.

Es bezeichne $\underline{0} := (\underbrace{0, \ldots, 0}_{d\text{-mal}})$, $\underline{x} := (x_1, \ldots, x_d)$ mit $x_i \in \mathbb{Z}$ $(i = 1, \ldots, d)$.

Für $X, Y \subset \mathbb{Z}^d$, $\underline{x} \in X$, $k \in \mathbb{N}_0$ wird definiert:

$X + Y := \{ \underline{x} + \underline{y} \ / \ \underline{x} \in X \wedge \underline{y} \in Y \}$; $X + Y$ wird als Summe von X und Y bezeichnet.

$X - Y := \{ \underline{x} - \underline{y} \ / \ \underline{x} \in X \wedge \underline{y} \in Y \}$; $X - Y$ wird als Differenz von X und Y bezeichnet.

Man beachte, daß Summe und Differenz im allgemeinen verschieden von Vereinigung ($\cup$) resp. mengentheoretischer Differenz ($\setminus$) sind.

$k\underline{x} := (kx_1, \ldots, kx_d)$

kX wird folgendermaßen rekursiv definiert:

$0X := \{ \underline{0} \}$ $\qquad (k + 1)X := kX + X$

Um die folgenden Definitionen nicht beziehungslos vorzustellen, sei zunächst eine anschauliche Beschreibung einer Mosaikstruktur gegeben: In den Gitterpunkten eines endlich-dimensionalen Euklidischen Raumes sind gleichartige Automaten (deterministische oder nichtdeterministische endliche M o o r e -Automaten) befestigt; jeder dieser Automaten ist mit jeweils endlich vielen nach einem im ganzen Raum gleichartigen Schema (Nachbarschaftsindex) verbunden (siehe Fig. 1). Diese Automaten arbeiten synchron zu diskreten Zeitpunkten, d.h. es wird eine globale Uhr (Taktgeber) im Raum vorausgesetzt. Die Arbeitsweise wird jeweils durch eine Vorschrift (parallele Transformation) aus einer endlichen Menge solcher Vorschriften bestimmt, die man sich als z.B. "von außen" eingegeben vorstellen kann.

In den folgenden Definitionen werden die jeweiligen Symbole immer in dem zuletzt benutzten Sinn verwendet.

Definition 1.1: Seien $d \in \mathbb{N}_0$, $n \in \mathbb{N}$. Ein n-tupel N von paarweise verschiedenen Elementen aus $\mathbb{Z}^d$ heißt (d-dimensionaler) Nachbarschaftsindex (vom Grade n).

Bemerkung: Diese naheliegende Festlegung auf paarweise verschiedene Elemente hat eine wichtige Konsequenz, die allerdings erst weiter unten verständlich wird: Würde man diese Forderung fallenlassen, so gäbe es keine bijektive Abbildung zwischen der Menge der lokalen Transformationen und der Menge der globalen Transformationen.

Definition 1.2: Sei A eine endliche, nichtleere Menge. Eine Abbildung $c\colon \mathbb{Z}^d \to A$ heiße Konfiguration. Die Menge aller solcher

Abbildungen werde mit C bezeichnet. Falls ausdrücklich auf A hingewiesen werden soll, wird auch C_A und für die Konfigurationen c_A geschrieben.
Das Bild von $\underline{i} \in \mathbb{Z}^d$ unter $c \in C$ werde mit $c(\underline{i})$ bezeichnet und Inhalt des Automaten (der Zelle) $\underline{i}$ in der Konfiguration c genannt.

Bemerkungen: 1) Eine Konfiguration beschreibt eine Belegung von $\mathbb{Z}^d$ mit Elementen aus A .
2) Falls $|A| \geq 2$ und $d \geq 1$, ist C eine überabzählbare Menge.

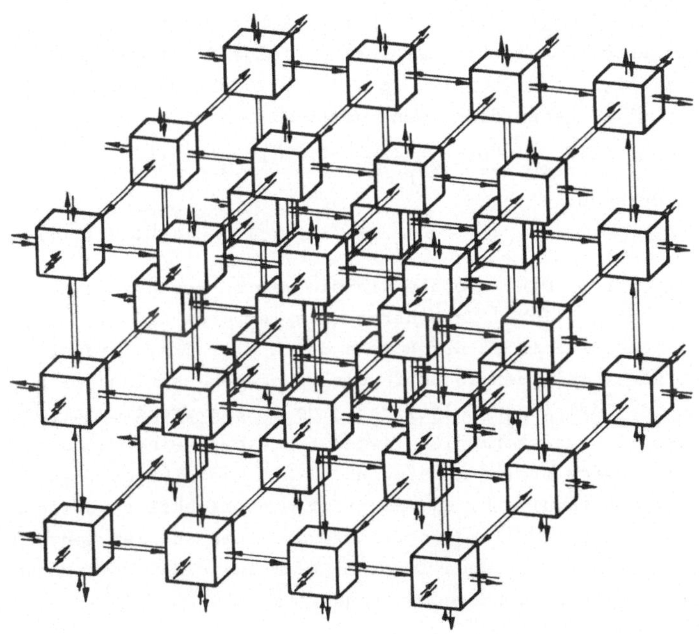

Fig. 1 Schema einer Mosaikstruktur

Definition 1.3: 1) $\mathcal{N}^{(d)}$ bezeichne die Menge der d-dimensionalen Nachbarschaftsindizes. Die Abbildung $\nu : \mathcal{N}^{(d)} \times \mathbb{Z}^d \to \mathcal{N}^{(d)}$ werde folgendermaßen definiert:

Für $N = (\underline{a}_1, \ldots, \underline{a}_n)$ und $\underline{i} \in \mathbb{Z}^d$ gelte

$$\nu(N, \underline{i}) := (\underline{i} + \underline{a}_1, \ldots, \underline{i} + \underline{a}_n)$$

2) $\nu_N : \mathbb{Z}^d \to (\mathbb{Z}^d)^n$ sei definiert als $\nu_N(\underline{i}) := \nu(N, \underline{i})$.
Die Komponenten von $\nu_N(\underline{i})$ heißen die Nachbarn des Automaten $\underline{i}$ (bez. N).

Definition 1.4: Sei $c^n : (\mathbb{Z}^d)^n \to A^n$ definiert als

$$c^n(\underline{u}_1, \ldots, \underline{u}_n) := (c(\underline{u}_1), \ldots, c(\underline{u}_n)) ,$$

wobei $c \in C$. Das Bild von $\nu_N(\underline{i})$ unter c^n wird als Konfiguration der Nachbarschaft des Automaten $\underline{i}$ in der Konfiguration c bezeichnet.

Definition 1.5: 1) Eine Abbildung $\sigma : A^n \to A$ heißt lokale Transformation oder lokale Überführungsfunktion.
2) Eine Abbildung $\tau : C \to C$ heißt globale Transformation, wenn sie aus einer lokalen Transformation folgendermaßen entsteht:
Für beliebige $c \in C$ gelte $c\tau = c'$ (auch geschrieben als $\tau(c) = c'$) genau dann, wenn gilt:

$$c' : \mathbb{Z}^d \xrightarrow{\nu_N} (\mathbb{Z}^d)^n \xrightarrow{c^n} A^n \xrightarrow{\sigma} A$$

oder anders ausgedrückt:

$$\forall \underline{i} \in \mathbb{Z}^d : c'(\underline{i}) = \sigma(c^n(\nu_N(\underline{i})))$$

Bemerkungen: 1) Eine globale Transformation beschreibt die "in einem Schritt mögliche" Veränderung des gesamten Raumes, wobei der Inhalt jedes Automaten des Raumes durch die lokale Transformation mit seinen jeweiligen Nachbarn als Parameter bestimmt wird.
2) Aus der Definition folgt, daß jede lokale Transformation genau eine globale Transformation festlegt und daß keine globale Transformation durch zwei verschiedene lokale Transformationen definiert werden kann, d.h. es existiert eine bijektive Abbildung zwischen der Menge der lokalen Transformationen und der Menge der globalen Transformationen in einem Raum für eine feste Menge A und einen festen Nachbarschaftsindex N .

Definition 1.6: Eine (beliebige) Abbildung $\omega : C \to C$ heißt parallele Transformation.

Bemerkungen: 1) Die Veränderung des gesamten Raumes in einem Schritt durch eine parallele Transformation ist also nicht den obigen Bedingungen der "Zusammensetzbarkeit" aus lokalen Transfor-

mationen unterworfen. Eine Mächtigkeitsbetrachtung zeigt dann unmittelbar, daß es mehr parallele als globale Transformationen gibt.
3) Gelegentlich (z.B. in [YA3]) werden die Begriffe "parallele" und "globale" Transformationen in der jeweils anderen Bedeutung verwendet.

Definition 1.7: $\mathfrak{A}$ = (A, d, N, I) heißt Mosaikstruktur, falls gilt:

a) A ist eine endliche, nichtleere Menge, genannt Zustandsalphabet von $\mathfrak{A}$

b) $d \in \mathbb{N}_0$, genannt Raumdimension

c) N ist d-dimensionaler Nachbarschaftsindex (vom Grade n)

d) Sei T die Menge aller parallelen Transformationen von $\mathfrak{A}$. Dann ist I eine endliche, nichtleere Untermenge von T ,die als Transformationenmenge bezeichnet wird.

Bemerkungen: 1) Die Definition beinhaltet auch den Fall eines einzelnen Automaten (d=0).
2) I läßt sich betrachten als die Menge der in der Mosaikstruktur "verdrahteten" Transformationen.

Zur Interpretation ist noch zu bemerken, daß das Übergangsverhalten der Automaten jeweils durch eine der parallelen Transformationen bestimmt wird; über die Art, in der eine solche Transformation aus I ausgewählt wird, wird zunächst nichts festgelegt, eine einfache Möglichkeit bestünde aber z.B. in einer zyklischen Anwendung aller Transformationen aus I .

Das Verhalten der Automaten hängt ab von den Zuständen der mit ihnen verbundenen Automaten (nicht notwendigerweise vom eigenen Zustand). Die Automaten sollen mindestens zwei Zustände enthalten. Automaten mit einer Verzögerung zwischen Eingabe und entsprechender Ausgabe (d.h. M o o r e -Automaten -in einer ihrer Definitionen) werden benutzt, um konzeptionelle Schwierigkeiten bei der "schlagartigen" Ausbreitung von Signalen über beliebige Entfernungen zu vermeiden.

Wie bei Turingmaschinen zwischen on-line und off-line Turingmaschinen unterschieden wird, gibt es auch für Polyautomaten ein der on-line Turingmaschine entsprechendes Modell: die iterativen Arrays, die von C o l e [Col] eingeführt wurden.

Ein iterativer Array ist eine Mosaikstruktur mit einer ausgezeichneten Ein-Ausgabe-Zelle. Zum Anfangszeitpunkt befinden sich alle Zellen im gleichen, ausgezeichneten Zustand, dem unten einzuführenden Ruhezustand; die Eingabe erfolgt über diese Ein-Ausgabe-Zelle, und das Resultat ergibt sich als Folge der Ausgaben dieser Zelle.

Die formale Definition von iterativen Arrays werden wir wegen des dazu nötigen Aufwandes bis zum Kapitel 5. zurückstellen.

Definition 1.8: Sei $\mathfrak{A} = (A, d, N, I)$ Mosaikstruktur. $\mathfrak{A}$ heißt Mosaikraum, falls I eine nichtleere Untermenge der Menge der globalen Transformationen ist.

Die Bemerkung 2) nach Definition 1.5 macht es sinnvoll, die folgenden Bezeichnungen einzuführen:

Definition 1.9: Sei A Zustandsalphabet und N d-dimensionaler Nachbarschaftsindex vom Grade n .
Sei $L := \{ \sigma / \sigma : A^n \to A \}$, und T sei die Menge aller globalen Transformationen, die bez. A , $\mathbb{Z}^d$ und N definierbar sind. Die bijektive Abbildung, die die Menge der lokalen Transformationen auf die Menge der globalen Transformationen abbildet, werde mit δ bezeichnet: $\delta : L \to T$.
$\delta^{-1}(I)$ wird benutzt als Ausdruck für die Menge der lokalen Transformationen, die zur Definition von I benötigt werden.
Falls der Nachbarschaftsindex nicht von vornherein klar erkennbar ist, oder falls besonders auf ihn hingewiesen werden soll, wird auch δ_N bzw. δ_N^{-1} geschrieben.

Definition 1.10: Sei $\mathfrak{A} = (A, d, N, I)$ Mosaikstruktur. $\underline{i}, \underline{j} \in \mathbb{Z}^d$ heißen unmittelbar benachbart (bez. N), wenn es eine Komponente $\underline{a}_k$ von N gibt, so daß entweder $\underline{j} = \underline{i} + \underline{a}_k$ oder $\underline{j} = \underline{i} - \underline{a}_k$ gilt. Diese Relation werde mit R_N bezeichnet und ihre reflexive, transitive Hülle mit R_N^* . Falls $\underline{i} \, R_N^* \, \underline{j}$ gilt, sagt man, $\underline{i}$ und $\underline{j}$ sind benachbart (bez. N).

Im folgenden werden wir es vornehmlich mit einer speziellen Klasse von Mosaikräumen, die wir Zellularräume nennen, zu tun haben: I wird dahingehend spezialisiert, daß I aus nur einer globalen Transformation bestehen darf. Zum anderen wird diese einzige Transformation noch spezialisiert dadurch, daß ihre Wirkung für bestimmte Konfigurationen in einer speziellen Weise festgelegt wird.

Der einfacheren Sprechweise wegen führen wir hier noch einige spezielle Bezeichnungen ein:

Definition 1.11: Sei $\mathfrak{A} = (A, d, N, I)$ Mosaikraum.
$\mathfrak{A}$ heißt Zellularraum (oder zellularer Raum) und wird auch als (A, d, N, F) geschrieben, falls gilt:

a) $|I| = 1$, und F ist die (einzige) globale Transformation in I. F wird auch als (globale) Überführungsfunktion bezeichnet.

b) Es existiert ein $z_o \varepsilon A$, und es gilt $\sigma(z_o, \ldots, z_o) = z_o$, wobei $\sigma = \delta^{-1}(F)$. z_o wird Ruhezustand des Zellularraumes genannt.

Bemerkung: Die Forderung b) ist dadurch motiviert, daß man verhindern will, daß "spontan" Information entsteht. D.h. man stellt sich vor, daß zum Anfang einer "Berechnung" fast alle Automaten im Ruhezustand sind, was bedeutet, daß Ruhezustände den "Hintergrund" bilden. Zu Beginn sind nur endlich viele Automaten nicht im Ruhezustand, und diese Eigenschaft soll nach endlich vielen Schritten erhalten bleiben; b) stellt eine notwendige und hinreichende Bedingung für die Abgeschlossenheit der unten definierten Konfigurationen mit endlichem Träger des Zellularraumes unter der globalen Überführungsfunktion F dar.
Für den Fall, daß $\underline{0}$ keine Komponente von N ist, hat diese Festlegung noch zur Folge, daß durch Ruhezustände "isolierte" Zustände $\neq z_o$ in den Ruhezustand versetzt werden. Falls $\underline{0}$ Komponente von N ist, ist dies nicht notwendigerweise so.

Wenn wir von einem Mosaikraum auch nicht verlangen wollen, daß er einen dem Ruhezustand von Zellularräumen entsprechenden Zustand besitzt, so wollen wir ihn doch einführen.

Definition 1.12: Sei $\mathfrak{A} = (A, d, N, I)$ Mosaikraum.
Existiert ein $z_o \varepsilon A$, so daß gilt

$$\forall \sigma \varepsilon \delta^{-1}(I) : \sigma(z_o, \ldots, z_o) = z_o ,$$

so wird z_o Ruhezustand des Mosaikraumes $\mathfrak{A}$ genannt.

Wir werden häufig spezielle Nachbarschaftsindizes verwenden, wobei es nicht auf die Reihenfolge der Elemente ankommt, so daß wir einige Bezeichnungen einführen.

Definition 1.13: Sei $\mathfrak{A} = (A, d, N, I)$ Mosaikstruktur.

1) Die Menge der Komponenten des Nachbarschaftsindexes N heißt Raster der Mosaikstruktur und wird mit $\tilde{N}$ bezeichnet. Analoges gilt für $\nu(N, \underline{i})$.

2) Zwei Normen werden folgendermaßen definiert: Sei $\underline{i} \in \mathbb{Z}^d$.

$$|\underline{i}| := \sum_{l=1}^{d} |i_l|$$

$$\|\underline{i}\| := \max_{1 \le l \le d} \{|i_l|\}$$

Damit werden Raster definiert: Für $k \in \mathbb{N}_0$

$$H_k := \{\underline{i} \;/\; |\underline{i}| \le k\}$$

$$\bar{H}_k := \{\underline{i} \;/\; |\underline{i}| \le k \wedge i_l \ge 0 \;,\; 1 \le l \le d\}$$

$$M_k := \{\underline{i} \;/\; \|\underline{i}\| \le k\}$$

$$\bar{M}_k := \{\underline{i} \;/\; \|\underline{i}\| \le k \wedge i_l \ge 0 \;,\; 1 \le l \le d\}$$

Bemerkungen: 1) Gelegentlich werden wir die Begriffe "Nachbarschaftsindex" und "Raster" synonym benutzen; analog dazu werden wir z.B. auch den Begriff "benachbart bez. H_1" verwenden.

2) Falls Zweifel an der Dimension des zugrundeliegenden Raumes auftreten können, wird an die Rasterbezeichnung noch ein "$^{(d)}$" angehängt.

3) Die H_k-Raster werden auch als (verallgemeinerte) von Neumann-Raster und die M_k-Raster als (verallgemeinerte) Moore-Raster bezeichnet.

4) Raster werden im ein- und zweidimensionalen Fall oft durch die Skizze der zu einem Automaten (der schraffiert wird, falls $\underline{0} \in \tilde{N}$) unmittelbar benachbarten Automaten angegeben.

Beispiele:

$\bar{H}_1^{(1)}$ $H_1^{(2)}$

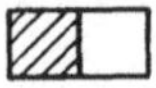

$M_1^{(2)}$ 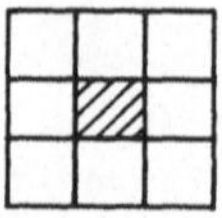 $\bar{H}_2^{(2)}$

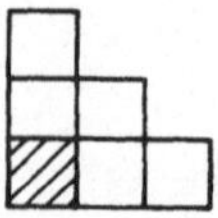

Definition 1.14: Sei $\mathfrak{A} = (A,d,N,I)$ Mosaikraum mit Ruhezustand z_o.
1) Sei c Konfiguration. Der Träger der Konfiguration c ist dann folgendermaßen definiert:

$$tr(c) := \{\underline{i} \;/\; \underline{i} \in \mathbb{Z}^d \wedge c(\underline{i}) \neq z_o\}$$

Die Menge aller Konfigurationen mit endlichem Träger in einem Mosaikraum werde mit $\bar{C}$ bezeichnet, bzw. mit $\bar{C}_A$, wenn auf A besonders hingewiesen werden soll. Ein Element aus $\bar{C}$ oder $\bar{C}_A$ wird auch endliche Konfiguration genannt.
2) Eine Konfiguration c' heißt Unterkonfiguration von c genau dann, wenn gilt:

$$c|_{tr(c')} = c'|_{tr(c')}$$

wobei $c|_X$ die Einschränkung auf X bezeichne.

Definition 1.15: Sei $\mathfrak{A} = (A, d, N, I)$ Mosaikstruktur.
Eine Konfiguration zum Zeitpunkt $t = 0$ in $\mathfrak{A}$ wird Anfangskonfiguration c_o genannt.
Durch Anwenden der Transformationen aus I wird von c_o ausgehend eine Folge von Konfigurationen $c_o, c_1, \ldots, c_t, \ldots$, die Verhaltensfolge $\langle c_o \rangle$ erzeugt.
Falls $|I| = 1$, ist $c_{t+1} = I(c_t) = I^{t+1}(c_o)$ für $t \in \mathbb{N}_o$, wobei unter I^t die t-fache Komposition von I verstanden wird und die folgendermaßen rekursiv definiert ist:

$$I^1(c) = I(c) \qquad I^t(c) = I\,(I^{t-1}(c)) \quad \text{für } t \geq 2$$

Bemerkung: Falls nichts anderes gesagt wird, wird künftig $c_o \in \bar{C}$ vorausgesetzt.

Im folgenden soll die Arbeitsweise von Zellularräumen an zwei Beispielen demonstriert werden.

Beispiel 1.1: Sei $\mathfrak{A} = (A, d, N, F)$ Zellularraum, wobei $A = \{0,1\}$ $d = 2$, $N = ((0,0), (1,-1), (1,0), (0,2), (-1,0))$. 0 ist der Ruhezustand. Die lokale Transformation, die die globale Überführungsfunktion F bestimmt, wird nicht explizit angeschrieben ; für sie soll folgendes gelten:

$$c_{t+1}(\underline{i}) = \begin{cases} 1\,, & \text{falls } pr_4(c_t^5(\nu_N(\underline{i}))) = 1 \\ & \vee\, |\, tr(c_t^5(\nu_N(\underline{i})))| = 3 \\ 0\,, & \text{sonst} \end{cases}$$

Dabei bezeichne pr_i die i-te Projektion.

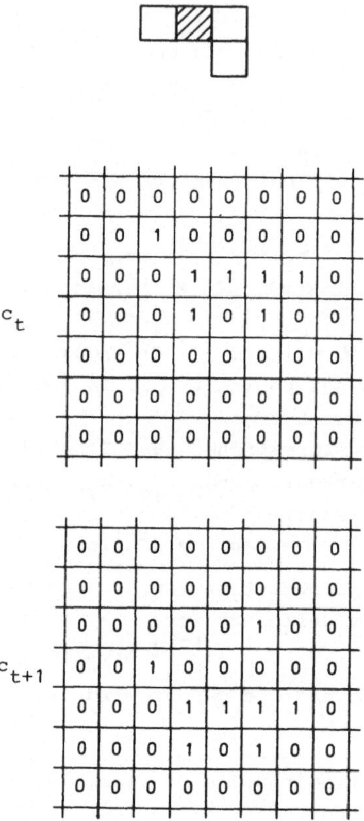

Fig. 2 Raster und zwei aufeinanderfolgende Elemente des in Beispiel 1.1 gegebenen Zellularraumes

<u>Beispiel 1.2</u>: Sei $\mathfrak{A}$ = (A, d, N, F) Zellularraum, wobei A ={0,1}, d = 2, $\tilde{N} = M_1$. 0 ist der Ruhezustand. Die lokale Transformation, die die globale Überführungsfunktion F bestimmt, wird wieder nicht explizit angegeben; für sie soll folgendes gelten:

$$c_{t+1}(\underline{i}) = \begin{cases} 1, & \text{falls } |tr(c_t^9(\nu_N(\underline{i})))| = 3 \\ c_t(\underline{i}), & \text{falls } |tr(c_t^9(\nu_N(\underline{i})))| = 4 \\ 0, & \text{sonst} \end{cases}$$

c_t

0	1	0
0	1	0
0	1	0

c_{t+1}

0	0	0
1	1	1
0	0	0

c_{t+2}

0	1	0
0	1	0
0	1	0

c_t

0	1	0	0
0	0	1	0
1	1	1	0
0	0	0	0

c_{t+1}

0	0	0	0
1	0	1	0
0	1	1	0
0	1	0	0

c_{t+2}

0	0	0	0
0	0	1	0
1	0	1	0
0	1	1	0

c_{t+3}

0	0	0	0
0	1	0	0
0	0	1	1
0	1	1	0

c_{t+4}

0	0	0	0
0	0	1	0
0	0	0	1
0	1	1	1

Fig. 3 Aufeinanderfolgende Elemente zweier Verhaltensfolgen des Life-Spiels (Beispiel 1.2)

Dieser Zellularraum wurde von C o n w a y eingeführt und als "game of life" bezeichnet (siehe z.B. [Ga1] , [Ga2]).

Bemerkung: Es ist anzumerken, daß in beiden Beispielen (in den Überführungsfunktionen) die Reihenfolge der Nachbarn keine Rolle spielte, d.h. es wurde jeweils nur die Rasterinformation benutzt. Falls man nicht, wie hier geschehen, von Symmetrien Gebrauch machen kann, ist das Aufschreiben von lokalen Überführungsfunktionen i. allg. sehr mühsam.

Da wir Zellularräume in ihrer Arbeitsweise miteinander vergleichen wollen, müssen wir noch entsprechende Begriffe einführen.

Definition 1.16: Seien $\mathfrak{A}_1 = (A_1, d, N_1, F_1)$ und $\mathfrak{A}_2 = (A_2, d, N_2, F_2)$ Zellularräume.
$\bar{C}_1$ und $\bar{C}_2$ bezeichnen die entsprechenden Mengen von Konfigurationen mit endlichem Träger. $k_1, k_2 \in \mathbb{N}$.
Man sagt, $\mathfrak{A}_2$ simuliert $\mathfrak{A}_1$ in k_2/k_1 - Realzeit genau dann, wenn es eine effektiv berechenbare und injektive Abbildung $G: \bar{C}_1 \rightarrow \bar{C}_2$ und eine effektiv berechenbare Abbildung $H: \bar{C}_2 \rightarrow \bar{C}_1$ gibt, so daß für alle $c \in \bar{C}_1$ gilt

$$F_1^{k_1}(c) = H(F_2^{k_2}(G(c)))$$

bzw. so, daß das folgende Diagramm kommutativ ist:

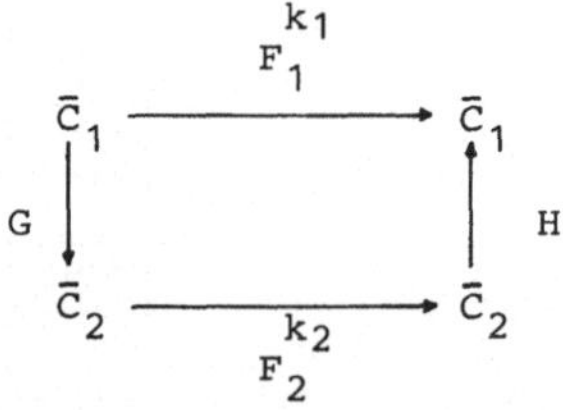

Folgende Benennungen werden noch verwandt:

$k_1 = k_2 = 1$: Realzeit
$k_1 = 1$, $k_2 = k > 1$: k-Realzeit oder k-Verzögerung
$k_1 = k > 1$, $k_2 = 1$: 1/k-Realzeit oder k-Beschleunigung

Bemerkungen: 1) Für manche Fälle kann es zweckmäßig sein, H nicht einfach als G^{-1} zu wählen.
Es empfiehlt sich nicht, die Injektivität von H zu fordern, da sonst z.B. Vorgänge, bei denen im simulierenden Raum ein Prozeß parallelläuft, der im simulierten Raum vernachlässigt wird, nicht

subsumiert werden könnten (siehe z.B. [To2]).
2) In manchen Fällen von Simulationen ist das Verhältnis $k_1 : k_2$ abhängig von der Zeit, so daß dieser Simulationsbegriff nicht verwandt werden kann. Man kann dann versuchen, geeignet festzulegende "Resultate" von Verhaltensfolgen in verschiedenen Zellularräumen miteinander in Beziehung zu setzen (siehe z.B. [HöV] oder allgemeiner [Go4]). Wir sprechen dann von R-Simulation.

Die vorstehende Definition kann leicht so modifiziert werden, daß sie zum Vergleich zwischen Turingmaschinen und Zellularräumen herangezogen werden kann.

Wir wollen hier, pour fixer les idées, eine der vielen äquivalenten Versionen von Turingmaschinen herausgreifen: Off-line 1-Band-Turingmaschinen $\mathcal{T} = (Q, X, f)$ enthalten zu Beginn das Argument auf dem (einzigen) Band. Q ist eine endliche Menge von Zuständen, in der ein Anfangszustand q_s und ein Haltezustand q_h ausgezeichnet werden, und X stellt eine endliche Menge von Bandsymbolen dar, wovon eines das sog. uneigentliche oder leere Symbol ist (nicht zu verwechseln mit dem leeren Wort (neutralen Element)!). Q und X sind durchschnittsfremd. Die Arbeitsweise wird vollständig und eindeutig durch die Überführungsfunktion

$$f: Q \times X \rightarrow Q \times X \times \{L, R, N\}$$

beschrieben, wobei L eine Links-, R eine Rechtsbewegung und N ein Stehenbleiben (während jeweils eines Schrittes) vorschreibt.

Unter einer (endlichen) Konfiguration wird eine Bandinschrift mit "eingefügtem" Zustand verstanden, d.h. sie ist ein Element aus $W(X) \times Q \times W'(X)$. Die Anwendung der Überführungsfunktion auf eine Konfiguration bewirkt einen Übergang in die sog. Folgekonfiguration. Auf die formale Beschreibung wollen wir verzichten, aber ausdrücklich anmerken, daß die Folgekonfiguration einer Haltekonfiguration, d.h. eines Elementes aus $W(X) \times \{q_h\} \times W'(X)$ wieder gleich dieser Haltekonfiguration sein soll (dies wird durch die Festlegung $f(q_h, x) = (q_h, x, N)$ für alle $x \in X$ erreicht).

<u>Definition 1.17</u>: Sei $\mathcal{T} = (Q, X, f)$ Turingmaschine mit der Menge K von endlichen Konfigurationen. Sei $\mathfrak{A} = (A, d, N, F)$ Zellularraum mit der Menge $\bar{C}$ von Konfigurationen mit endlichem Träger. $k_1, k_2 \in \mathbb{N}$. $\mathfrak{A}$ simuliert $\mathcal{T}$ in k_2/k_1 - Realzeit genau dann, wenn es eine effektiv berechenbare, injektive Abbildung $G: K \rightarrow \bar{C}$

und eine effektiv berechenbare Abbildung $H: \bar{C} \to K$ gibt, so daß für alle $c \in K$ gilt:

$$f^{k_1}(c) = H(F^{k_2}(G(c)))$$

<u>Bemerkung</u>: Bez. der Benennungen gelten die gleichen Vereinbarungen wie in Definition 1.16.

Von den verschiedenen Möglichkeiten zur Definition eines berechnungsuniversellen Zellularraumes werden wir die in unserem Rahmen am leichtesten überprüfbare benutzen:

<u>Definition 1.18</u>: Ein Zellularraum $\mathfrak{a}$ heißt berechnungsuniversell, wenn gilt: Es gibt eine universelle Turingmaschine U, und es existieren $k_1, k_2 \in \mathbb{N}$, so daß gilt: $\mathfrak{a}$ simuliert U in k_2/k_1-Realzeit.

Ab Kapitel 3. werden wir uns weitgehend auf spezielle Mosaikräume beschränken, nämlich auf solche, die in einem durch die sog. Retina -über deren Festlegung zunächst nichts gesagt sei- bestimmten, von vornherein festen Teil des Raumes arbeiten.

<u>Definition 1.19</u>: 1) Sei $\mathfrak{a} = (A, d, N, I)$ Mosaikraum mit Ruhezustand z_o. $\mathfrak{a}$ heißt Mosaikautomat, falls gilt:

a) $\exists \# \in A : \forall t \in \mathbb{N}_o : c_{t+1}(\underline{i}) = \# \Leftrightarrow c_t(\underline{i}) = \#$

$\#$ wird als Begrenzungszustand bezeichnet, und die Zellen $\underline{i}$, deren Inhalt $\#$ ist, heißen Grenzzellen.

b) Sei $R \subset \mathbb{Z}^d$, Retina genannt, ein nichtleeres, endliches, zusammenhängendes Gebiet, für das folgendes gilt:

$$\forall \underline{i} \in R : c_o(\underline{i}) \neq \#$$

$$\forall \underline{k} \in (R + H_1^{(d)}) \setminus R : c_o(\underline{k}) = \#$$

$$\forall t \in \mathbb{N}_o : \forall \underline{l} \in \mathbb{Z}^d \setminus (R + H_1^{(d)}) : c_t(\underline{l}) = z_o$$

wobei z_o der Ruhezustand ist.

Die Retina R heißt dabei zusammenhängend, falls je zwei ihrer Elemente benachbart bez. H_1 sind.

2) Ein Zellularraum (A, d, N, F), für den die Bedingungen 1)a) und 1)b) gelten, heißt Zellularautomat oder zellularer Automat (abgekürzt: ZA).

<u>Bemerkung</u>: Die endliche Retina wird von einer Schicht der Dicke 1 von Grenzzellen umgeben. Grenzzellen können ihren Zustand nicht

ändern, Automaten, die nicht bereits zum Zeitpunkt $t = 0$ im Begrenzungszustand sind, können diesen Zustand nicht mehr annehmen. Automaten, die nicht in der Retina und der Grenzzellenschicht liegen, sind im Ruhezustand und können diesen Zustand auch nicht verlassen (auch nicht nach "Beeinflussung" durch die Grenzzellen). Automaten innerhalb der Retina können sich im Ruhezustand befinden. Es sei ausdrücklich bemerkt, daß die Retina kein einfach-zusammenhängendes Gebiet sein muß.

Wir wollen noch kurz einige weitere Begriffe erläutern, deren formale Definition erst später erfolgen soll.

Eine Klasse von Mustern ist charakterisiert durch eine Menge von endlichen Konfigurationen über einem bestimmten Alphabet, auf die ein gewisses (rekursives) Prädikat zutrifft. Das Prädikat kennzeichnet die entsprechenden Muster bez. Form und Eigenschaften.

Im Gegensatz zur Definition der Retina wird weder von zu untersuchenden Konfigurationen noch von Mustern selbst verlangt, daß sie zusammenhängend seien. Soll ein Zellularautomat dazu benutzt werden, festzustellen, ob eine Konfiguration zu einer gewissen Musterklasse gehört, so ist die Retina so festzulegen, daß sie gleich der Konfiguration ist, wenn diese zusammenhängend ist, andernfalls gleich dem minimalen Quader, der sie umfaßt. Die Schicht der Automaten im Begrenzungszustand um die Retina muß so dick sein (in Abhängigkeit vom gegebenen Raster), daß eine Beeinflussung der Zellen der Retina durch außerhalb gelegene Zellen ausgeschlossen ist. Ein solcher zellularer Automat heißt mustermanipulierender zellularer Automat. Die Festlegung der Retina erfolgt in der beschriebenen Weise, um sicherzustellen, daß ein Informationsaustausch zwischen allen relevanten Teilen einer Konfiguration möglich ist.

Sollen Zellularautomaten als Modelle für reale Mustererkennungsgeräte aufgefaßt werden, so ist zu beachten, daß bei der hier geschilderten Konzeption angenommen wird, daß zu jedem Exemplar einer zu analysierenden Konfiguration ein dazu "passendes" Gerät vorliegt -analog wie z.B. bei der Erkennung contextsensitiver Sprachen mit linear-beschränkten Automaten.

Den Begriff des parallelen Algorithmus wollen wir nicht näher definieren, sondern, wie bereits erwähnt, pragmatisch darunter Algorithmen verstehen, die in Polyautomaten ablaufen. Damit vermeiden wir es bewußt, auf derzeit noch nicht gelöste Probleme der Parallelisierbarkeit einzugehen.

Die grundlegenden Definitionen wurden nach Y a m a d a und A m o r o s o [YA3] und S m i t h [Sm1] eingeführt.

Zur Literatur ist zu bemerken, daß in [Sm6] in sehr klarer Weise die Verästelungen, die die Theorie der Polyautomaten bis 1974 erreicht hatte, überblickartig aufgeführt sind. Auf diesen Übersichtsartikel (mit 110 Literaturangaben) sei ausdrücklich verwiesen, ebenso wie auf [Al1], [Al2], [Al3], wo auch auf eine Reihe von Ergebnissen aus der russischsprachigen Literatur aufmerksam gemacht wird. [Vo4] ist stärker auf parallele Algorithmen in Zellularautomaten ausgerichtet. In [Bur] sind einige wichtige frühe Arbeiten, vor allem zur Selbstreproduktion, enthalten.

An Bibliographien sind zu nennen [Go3], [Ni1], [To1] und [War].

Noch einige Worte zur geschichtlichen Entwicklung: V o n N e u m a n n beschäftigte sich bereits 1948 (nach [Ar3]) mit dem Problem der Konstruktion eines selbst-reproduzierenden Gerätes. Nachdem er zuerst ein sog. kinematisches Modell benutzte, bei dem ein Gerät in der Lage sein sollte, sich in einem Lagerraum mit entsprechenden Materialien zu bewegen und Teile anzufügen oder abzulösen, ging er zu dem abstrakten Modell eines zweidimensionalen Zellularraumes über. Es gelang ihm (Erweiterungen und Ergänzungen wurden von A.W. B u r k s [Neu] gegeben), einen Zellularraum mit einem H_1-Raster zu finden, wobei jeder Automat 29 Zustände hat, der eine Anfangskonfiguration enthält, die sich selbst reproduziert. Es sei bemerkt, daß es wesentlich einfachere Zellularräume gibt, die selbst-reproduzierende Konfigurationen enthalten. Üblicherweise interessiert man sich aber auch nur dafür, ob die Selbstreproduktion in solchen Zellularräumen möglich ist, die von einer gewissen Komplexität sind. Und dies ist bei dem o.a. Zellularraum gegeben: In ihm ist es möglich, eine beliebige berechenbare Funktion zu berechnen, d.h. er ist berechnungsuniversell.

U.a. haben T h a t c h e r [Tha], C o d d [Cod] und B a n k s [Ban] Verfeinerungen des Zellularraumes von v o n N e u m a n n konstruiert, wobei C o d d mit acht Zuständen und B a n k s sogar mit nur vier Zuständen pro Automat auskommen (bei festgehaltenem H_1- Raster).

Es sei noch darauf hingewiesen, daß die Arbeiten von Neumanns zu einer Zeit begonnen wurden, als die übliche Theorie abstrakter Automaten (wenn von der der Turingmaschinen abgesehen wird) noch nicht entwickelt war.

Das Grundprinzip des Vorgehens ist in sehr konziser Form in [Ar3] beschrieben. Ein einführender Überblick unter Berücksichtigung neuerer Arbeiten ist in [Mül] gegeben.

Im Zusammenhang mit dem Problem der Selbstreproduktion stellte sich die Frage nach der Existenz von sog. Garten-Eden-Konfigurationen in Zellularräumen. So werden (nach Moore [Mo1]) Konfigurationen bezeichnet, die nur zum Zeitpunkt 0 vorkommen können. In [Al1], [Al2], [Al3] wird darüber (Aladyev nennt sie nichtkonstruierbare Konfigurationen) und über Modifikationen davon ausführlich referiert. (Dabei ist zu beachten, daß die Aussage, daß jeder berechnungsuniverselle Zellularraum eine Garten-Eden-Konfiguration besitzt, nach Toffoli [To2] falsch ist.)

Entscheidbarkeitsfragen für Garten-Eden-Konfigurationen werden im Detail in [Go1] diskutiert.

Variationen des Garten-Eden-Problems werden in Mosaikräumen als sog. Vollständigkeitsprobleme behandelt. Es geht dabei, grob gesprochen, darum, zu klären, ob für gegebene Mosaikräume die Menge aller endlichen Konfigurationen bzw. genauer ihrer Äquivalenzklassen bez. Translationen aus gewissen primitivsten Konfigurationen durch Anwendungen der jeweiligen globalen Transformationen erhalten werden kann. Die Untersuchungen wurden in Abhängigkeit von der Dimension, der Zustandszahl, der Rastergröße und gelegentlich der Rasterform durchgeführt. Wichtige Ergebnisse sind in [YA2],[MK1], [MK3] und [NaH] enthalten. Dabei ist bisher nur ein Fall bekannt, für den der Mosaikraum nicht vollständig ist.

In [ACP] wird auf den Zusammenhang zwischen dem Garten-Eden-Problem und injektiven und surjektiven globalen Transformationen eingegangen. Eine notwendige, aber nicht hinreichende Bedingung (als Eigenschaft der lokalen Überführungsfunktion) für die Injektivität einer globalen Transformation in eindimensionalen Mosaikräumen wird in [AmP] gegeben. [MK2] enthält notwendige und hinreichende Bedingungen dafür in n-dimensionalen Mosaikräumen.

Ein weiterer Zweig der Theorie, in [Sm6] als "dynamische Polyautomaten" bezeichnet, sei hier lediglich erwähnt: L i n d e n m a y e r - Systeme (oder L-Systeme) stellen formale Grammatiken dar, die durch simultane Anwendung der Ersetzungsregeln auf alle Zeichen eines Wortes charakterisiert sind; außerdem wird in der allgemeinsten Form nicht zwischen Nichtend- und Endsymbolen unterschieden. Sie können als eindimensionale 'Zellularräume' aufgefaßt werden, in denen sich Zellen in zwei oder mehr "Tochterzellen" aufspalten können oder verschwinden können. Die Bücher von H e r m a n und R o z e n b e r g [HeR] und R o z e n b e r g und S a l o m a a [RS1], [RS2] sind ausschließlich der immer noch sehr stark expandierenden Theorie der L-Systeme gewidmet.

Ein Überblick über Ergebnisse von sog. τ_n-Grammatiken, die unabhängig von L-Systemen von A l a d y e v eingeführt wurden und die durch Zellularräume definierte formale Sprachen (und gleichzeitig spezielle L-Systeme) sind, wird in [Al2] und [Al3] gegeben.

2. Standardisierungen von Zellularräumen

In diesem Kapitel sollen einige Ergebnisse dargestellt werden, die Aussagen darüber machen, wie Zellularräume auf gewisse Standardformen gebracht werden können.

Bei der Simulation von Zellularräumen durch andere Zellularräume werden wir hier auf drei Aspekte eingehen, dem der Reduzierung des Rasters, dem der Beschleunigung und dem der Zustandsreduktion. Eine andere Möglichkeit, nämlich u.U. die Dimension zu verkleinern, wird in [AmE] diskutiert.

Wir werden im folgenden öfter Informationen, die in mehreren Einzelautomaten enthalten sind, in einem Automaten zusammenfassen. Dabei erweist es sich oft als für das intuitive Verständnis nützlich, von der Vorstellung auszugehen, daß die einzelnen Automaten über eine bestimmte (endliche) Zahl von (endlichen) Registern verfügen. Nur durch die Aufspaltung der Automaten in mehrere Teile bestehen Chancen, kompliziertere Gebilde zu analysieren oder zu entwerfen ([Lae]).

Wir wollen deshalb vorab kurz diskutieren, wie sich bei solchen Aufspaltungen die neue Zustandszahl ergibt:
Seien Automaten mit $|A|$ Zuständen gegeben.
1) Sollen zusätzlich, d.h. nicht gleichzeitig mit einem der bisherigen Zustände, gewisse, sagen wir m, Kennungen gespeichert werden, die z.B. angeben, ob das Register noch leer ist, so ergibt sich für die Kardinalität der neuen Zustandsmenge

$$|A'| = |A| + m ,$$

unter der Voraussetzung, daß die Menge dieser Kennzeichen disjunkt zur Menge der "alten" Zustände ist.
2) Sind dagegen <u>gemeinsam</u> mit den alten Zuständen, sagen wir k, Kennzeichen aufzunehmen, die z.B. für jeden der Zustände Zwischenzustände festlegen, so ist

$$|A'| = k|A|$$

3) Ist die jeweilige Zustandsinformation von n Automaten mit je $|A|$ Zuständen zu speichern, so ist

$$|A'| = |A|^n$$

2.1 Rasterreduktion

Die einzige Beschränkung, die wir bisher für Raster eingeführt hatten, war die des Endlichseins. Andererseits konnte man bereits am Beispiel 1.1 feststellen, daß es schwierig ist, die Verhaltensweise von Zellularräumen mit "auseinandergezogenem" Raster zu übersehen, da i.allg. auch die Komplexität der Überführungsfunktion mit der Rastergröße anwächst. Dies läßt es wünschenswert erscheinen, sich auf relativ einfache Raster zurückziehen zu können. Im zweidimensionalen Fall bietet sich dazu das H_1-Raster an, einmal weil es das kleinste nichttriviale rotationssymmetrische Raster darstellt und zum andern aber auch, weil dies das Raster ist, das von Neumann, wie oben erwähnt, in seinen grundlegenden Untersuchungen benutzte.

Definition 2.1: Sei $\tilde{N}$ Raster mit $\underline{n} = (n_1, n_2)$ $(\underline{n} \varepsilon \tilde{N})$

$\underline{u}(\tilde{N}) = (u_1, u_2)$ wird definiert durch

$$u_i := \begin{cases} |\min\limits_{\underline{n} \varepsilon \tilde{N}} \{n_i\}| , & \text{falls } n_i < 0 \\ 0 & \text{sonst} \end{cases} \qquad i = 1, 2$$

$\underline{o}(\tilde{N}) = (o_1, o_2)$ wird definiert durch

$$o_i := \begin{cases} \max\limits_{\underline{n} \varepsilon \tilde{N}} \{n_i\} & \text{falls } n_i > 0 \\ 0 & \text{sonst} \end{cases} \qquad i = 1, 2$$

$\underline{g}(\tilde{N})$, die Gesamtausdehnung von $\tilde{N}$, wird definiert durch

$$\underline{g}(\tilde{N}) := \underline{u}(\tilde{N}) + \underline{o}(\tilde{N})$$

$P(\tilde{N})$, der minimale Quader für $\tilde{N}$, wird definiert als

$$P(\tilde{N}) := \{(p_1, p_2) / -u_i \leq p_i \leq o_i , i = 1, 2\}$$

Proposition 2.1: Sei $\mathfrak{A} = (A, 2, N, F)$ Zellularraum. Dann gibt es einen Zellularraum $\mathfrak{A}' = (A', 2, H_1^{(2)}, F')$, der $\mathfrak{A}$ in k-Realzeit simuliert.

Beweis: (1) Falls $\tilde{N} \subset H_1$, braucht nichts bewiesen zu werden, d.h. $A' = A$ und F' ergibt sich durch Außerachtlassen der "zusätzlichen" Komponenten und evtl. Umbenennen. Dann liegt Realzeit-Simulation vor.

(2) Ist $\tilde{N} = H_1$, sind aber die entsprechenden Nachbarschaftsindizes verschieden, so geht hier die F' bestimmende lokale Überführungsfunktion aus der ursprünglichen allein durch Permutieren der

Argumente hervor.

(3) Gelte $\tilde{N} \supset H_1$.

Das Beweisprinzip besteht darin, die zum Feststellen des richtigen Übergangsverhaltens notwendige Information in einer Reihe von Zwischenschritten innerhalb des H_1-Rasters zur Verfügung zu stellen. Dazu werden sukzessive in zwei Phasen, eine für die vertikale und die zweite für die horizontale Komprimierung, die in jedem Automaten zusätzlich erforderlich werdenden Register -eine Zustandsvergrößerung ist notwendig- aufgefüllt. Über deren Zahl wird unten Näheres gesagt.

In einer ersten Phase geschieht das Auffüllen in vertikaler Richtung so lange, bis die benötigte Information für jeden Automaten (in Fig. 4 schraffiert) in einem Bereich der in Fig. 4 dargestellten Form vorliegt.

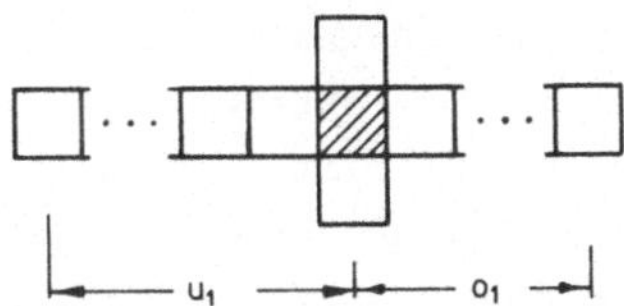

Fig. 4 Informationskomprimierung am Ende der ersten Phase der Simulation

Jeder der Automaten muß dazu einmal seinen "ursprünglichen" Zustand in einem Register speichern und zum andern über Register zur Aufnahme der Zustände der jeweils im Raster $\tilde{N}$ ober- und unterhalb gelegenen Automaten verfügen. D.f., daß zur Speicherung der Information in der ersten Phase

$$1 + o_2 + u_2 = 1 + g_2$$

Register notwendig sind.

Während das erstgenannte Register nur jeweils einen Zustand aus A aufzunehmen braucht, müssen die andern so ausgelegt werden, daß sie darüberhinaus noch jeweils ein Kennzeichen aufnehmen können, das angibt, ob die Information des entsprechenden Automaten bereits eingeschrieben ist. Diese Kennzeichen werden benötigt, um der Überführungsfunktion F' die Feststellung zu ermöglichen, ob die erforderliche Zahl von Schritten durchgeführt wurde.

In der ersten Phase sind dies $\max(o_2, u_2)$ Schritte.

In der zweiten Phase wird der analoge Prozess zur Komprimierung der (vorkomprimierten) Information in horizontaler Richtung vorgenommen, und zwar so lange, bis die im minimalen Quader $P(\tilde{N})$ um jeden Automaten in $\mathfrak{A}$ enthaltene Information in dem H_1-Raster des betreffenden Automaten vorliegt. Da jetzt nur auf eine Breite von drei Automaten (horizontale Ausdehnung des H_1-Rasters) komprimiert werden muß, sind in dieser Phase

$$1 + \max(o_1-1, 0) + \max(u_1-1, 0)$$

Register erforderlich, von denen jedes wiederum die Information der obengenannten $1 + g_2$ Register aufnehmen muß und alle außer den in der ersten Phase bereits beschriebenen um je ein entsprechendes "Kennzeichenbit" , das angibt, ob das Auffüllen bereits geschehen ist, erweitert werden müssen.
Das Auffüllen in der zweiten Phase kann in

$$\max(\max(o_1-1, u_1-1), 0)$$

Schritten vorgenommen werden. Daraufhin kann die "eigentliche" globale Transformation, die F entspricht, durchgeführt werden, da dann jedem Automaten in $\mathfrak{A}'$ (mit dem H_1-Raster) mindestens die gleiche Information zur Verfügung steht wie dem entsprechenden Automaten in $\mathfrak{A}$. Im gleichen Schritt, in dem die eigentliche Überführung erfolgt, werden die Kennzeichen über das Auffüllen der Einzelregister wieder rückgesetzt.
Es sind deshalb

$$\max(o_2, u_2) + \max(\max(o_1-1, u_1-1), 0) + 1$$

Schritte nötig, um einen Übergang von $\mathfrak{A}$ in $\mathfrak{A}'$ zu simulieren (falls $\tilde{N} \supset H_1$).
Die Festlegung von G und H ergibt sich unmittelbar aus dem oben Gesagten. ::

Bemerkungen: 1) Die obige Aussage läßt sich leicht auf d-dimensionale Zellularräume mit $d \in \mathbb{N}$ übertragen (siehe [Sm2]).
2) Aus der Konstruktion folgt, daß folgendes gilt:

$$|A'| = |A|(|A|+1)^{o_2+u_2}(|A|(|A|+1)^{o_2+u_2}+1)^{\max(o_1-1,0)+\max(u_1-1,0)}$$

Daraus ersieht man, daß die Zustandszahl von $\mathfrak{A}'$ außerordentlich groß werden kann. Das rührt natürlich auch daher, daß auf die spezielle Form des Rasters $\tilde{N}$ keine Rücksicht genommen wird, so daß u.U. sehr viel redundante Information gespeichert wird.

Um die Registerdenkweise noch etwas zu veranschaulichen, wollen wir ein Beispiel betrachten:

<u>Beispiel 2.1</u>: Sei $\tilde{N} = \{(0,0), (-2,1), (0,-2), (1,1), (2,1), (3,-2)\}$, und damit habe das Raster folgendes Aussehen:

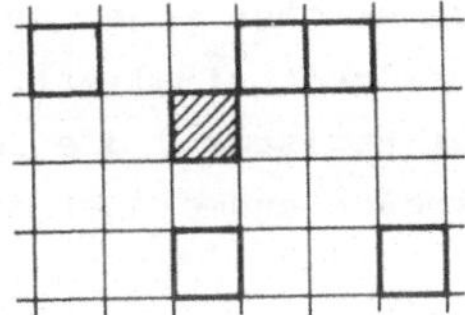

Dann ist $u_1 = 2$, $u_2 = 2$, $o_1 = 3$, $o_2 = 1$, und damit ist (nach obiger Vorgehensweise) eine 5-Realzeit-Simulation möglich. Ein Automat von $\mathfrak{A}'$ hat dann das in Fig. 5 dargestellte "qualitative" Aussehen (in Registeraufspaltung).

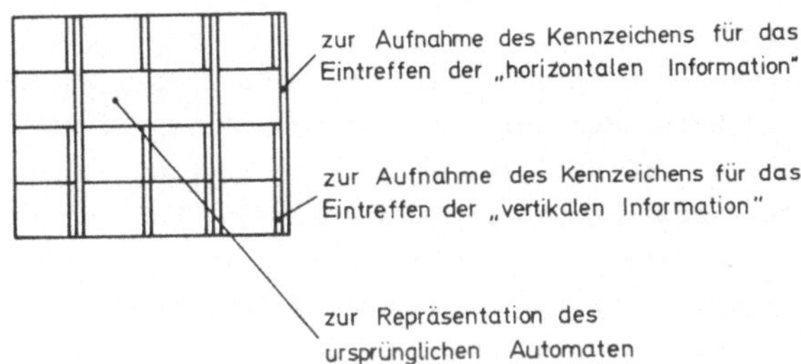

Fig. 5 Struktur eines Automaten im simulierenden Raum

An einem weiteren Beispiel soll demonstriert werden, daß die Zwischenschritte zum Sammeln der Information notwendig sind:

<u>Beispiel 2.2</u>: Sei $\mathfrak{A} = (A, 2, M_1, F)$ gegeben, wobei $A = \{0, 1\}$ und die F bestimmende lokale Überführungsfunktion durch das folgende Schema gegeben sei:

1	–	0
–	0	–
0	–	–

⇒

	1	

wobei "-" beliebiger Zustand bedeutet.

In diesem Fall heißt das, daß ein Automat im Zustand O in den Zustand 1 übergeht, wenn die Automaten in seiner Nachbarschaft die angegebenen Zustände haben. In allen anderen Fällen sei der Folgezustand O .
Nach Proposition 2.1 gibt es dann einen Zellularraum $\mathfrak{a}' = (A', 2, H_1, F')$, der $\mathfrak{a}$ in 2-Realzeit simuliert. Jeder der Einzelautomaten besteht dann aus drei Registern, die in unserer obigen Darstellungsweise folgendermaßen angeordnet sind:

(Bei einer "direkten" Simulation könnte man sich auf ein Kennzeichen beschränken.)
In $\mathfrak{a}'$ sei wie auch in $\mathfrak{a}$ der Ruhezustand O . Zu den anderen "relevanten" Zuständen sei nur folgendes bemerkt: Mit 8 sei der Zustand von A' bezeichnet, in den ein Zustand 1 von A abgebildet wird, wobei gleichzeitig die Kennung besagen soll, daß die vertikale Information nicht eingetroffen ist. Die Dezimalzahlen 1, ..., 7 repräsentieren in naheliegender Weise die Zustände nach dem Eintreffen dieser Information, d.h. im jeweiligen Zwischenschritt (z.B. kennzeichnet $6 \triangleq (110)_2$ die Situation, in der der Automat und sein nördlicher Nachbar im Zustand 1 , der südliche im Zustand O sind. 8 könnte dann z.B. als (x, 1, x) aufgefaßt werden).
Ausschnitte aus den Verhaltensfolgen von $\mathfrak{a}$ und $\mathfrak{a}'$ sind in Fig.6 einander gegenübergestellt (alle außerhalb gelegenen Automaten befinden sich zum Zeitpunkt t = O im Ruhezustand).

Die Asymmetrie der Raster $\bar{H}_k$ könnte zur Überzeugung führen, daß Zellularräume mit entsprechenden Rastern in ihren Fähigkeiten gegenüber solchen mit allgemeinen Rastern -wobei, wie wir oben sahen, das H_1-Raster ausreicht- beschränkt sind. So kann z.B. in einem eindimensionalen Zellularraum mit $\bar{H}_1$-Raster Information nur von rechts nach links übertragen werden. Diese Einschränkung kann aber in einem Zellularraum, der ja als unbegrenzt angenommen wird, dadurch überspielt werden, daß Information, die mit links davon ste-

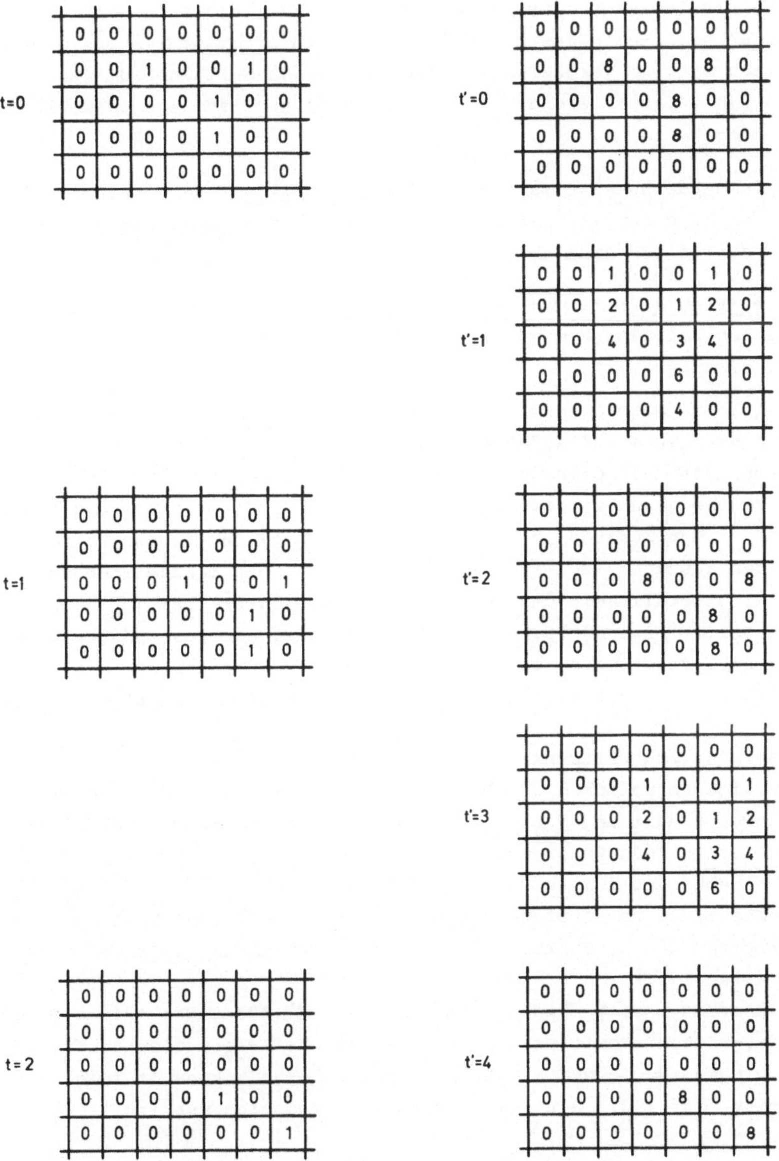

Fig. 6 Verhaltensfolgenausschnitte (nach Beispiel 2.2)

hender in Beziehung gesetzt werden soll, so lange nach links verschoben wird -bei "Festhalten" der anderen Information-, bis dies möglich ist. Im Vergleich zum ursprünglichen Zellularraum wandern dann die interessierenden Konfigurationen - allerdings in wohlbestimmter Weise.

Die folgende Aussage ist für Zellularautomaten wegen deren Endlichkeit nicht sinnvoll; ihrer prinzipiellen Bedeutung wegen wird jedoch darauf eingegangen.

Proposition 2.2: Sei $\mathfrak{a} = (A, 2, H_1, F)$ Zellularraum. Dann gibt es einen Zellularraum $\mathfrak{a}' = (A', 2, \bar{H}_1, F')$, der $\mathfrak{a}$ in 3-Realzeit simuliert.

Beweis: Die Automaten von $\mathfrak{a}'$ werden aus zwei Registern aufgebaut, von denen eines zur Aufnahme von Zuständen aus A bestimmt ist, während das zweite darüberhinaus vergrößert werden muß.
G wird so gewählt, daß ein Automat in $\mathfrak{a}$, der zum Zeitpunkt t, $t \in N_0$, den Zustand $z \neq z_0$ angenommen hat, in $\mathfrak{a}'$ zum Zeitpunkt $3t$ den Zustand $(z, -)$ besitzt, wobei $-$ ein Kennzeichen für das Nichtgefülltsein des zweiten Registers darstellt.
Im jeweils folgenden Schritt $(3t + 1)$ wird der Zustand des östlichen Nachbarautomaten in das zweite Register übernommen, markiert mit einer 1, die angibt, daß der erste Zwischenschritt vollzogen ist.
Daraufhin (zum Zeitpunkt $3t + 2$) wird diese neue Information des jeweiligen nördlichen Nachbarn ohne die Markierung in das erste Register geholt und gleichzeitig die dort enthaltene Information, erweitert um ein Kennzeichen 2, in das zweite Register des Automaten gebracht. (Diese Vertauschung ist nicht notwendig, sondern geschieht, um zu erreichen, daß beim jetzt folgenden Übergang die im Zentrum des H_1-Rasters stehende Information im ersten Register enthalten ist.)
Man überzeugt sich leicht, daß jetzt in $\mathfrak{a}'$ für jeden Automaten in der $\bar{H}_1$-Nachbarschaft mindestens die gleiche Information verfügbar ist wie in $\mathfrak{a}$ in der H_1-Nachbarschaft. Deshalb kann im folgenden Schritt $(3t + 3)$ ein "eigentlicher" Simulationsschritt erfolgen. ::

Bemerkungen: 1) Das Prinzip dieses Beweises funktioniert auch im d-dimensionalen Fall, wobei allerdings i.allg. eine starke Zustandsvergrößerung erforderlich ist (siehe [Sm2]).

2) Für die obige Konstruktion gilt:

$$|A'| = |A| \ (2|A| + 1)$$

3) In [Höl] ist ein sehr detaillierter Beweis für den zweidimensionalen Fall, allerdings mit einer etwas höheren Zustandszahl als hier, enthalten.

In Fig. 7 ist der Informationsfluß für die im Beweis von Proposition 2.2 angegebene Simulation dargestellt.

t'=0

– 11	– 12	– 13	– 14	– 15
– 21	– 22	– 23	– 24	– 25
– 31	– 32	– 33	– 34	– 35
– 41	– 42	– 43	– 44	– 45

t'=1

12,1 11	13,1 12	14,1 13	15,1 14
22,1 21	23,1 22	24,1 23	25,1 24
32,1 31	33,1 32	34,1 33	35,1 34
42,1 41	43,1 42	44,1 43	45,1 44

t'=2

21,2 12	22,2 13	23,2 14	24,2 15
31,2 22	32,2 23	33,2 24	34,2 25
41,2 32	42,2 33	43,2 34	44,2 35

t'=3

– $\widetilde{12}$	– $\widetilde{13}$	– $\widetilde{14}$	– $\widetilde{15}$
– $\widetilde{22}$	– $\widetilde{23}$	– $\widetilde{24}$	– $\widetilde{25}$
– $\widetilde{32}$	– $\widetilde{33}$	– $\widetilde{34}$	– $\widetilde{35}$

„~" kennzeichnet den Folgezustand

Fig. 7 Simulation in einem Zellularraum mit $\bar{H}_1$-Raster

2.2 Zeitreduktion

Bei dem bisherigen Verfahren der Rasterreduktion waren zwei Effekte zu beobachten: Es war zum einen eine Erhöhung der Zustandszahl notwendig und zum andern mußte eine Verzögerung gegenüber dem zu simulierenden Zellularraum in Kauf genommen werden, da es erforderlich war, während Zwischenschritten Information im kleineren Raster zu sammeln. Das letztere kann vermieden werden, ja es kann sogar eine beschleunigte Simulation erfolgen, wenn eine andere Vorgehensweise gewählt wird: Die Anfangskonfiguration wird so in den simulierenden Zellularraum abgebildet, daß jeder der Automaten in dem simulierenden Raum über mindestens dieselbe Information (innerhalb seines Rasters direkt erreichbar) verfügt, wie ein Automat in dem Ausgangs-Zellularraum. Diese Information muß zudem so gepackt sein, daß sie in <u>einem</u> Übergang jeweils vollständig (und nicht nur teilweise wie oben) aktualisiert werden kann. Wird eine Beschleunigung um den Faktor k, ein sog. "speed-up", gewünscht, so muß die im simulierenden Raum direkt zugreifbare Information die im simulierten Raum innerhalb von k Übergängen verfügbare enthalten.

Eine hinreichende Bedingung für die Möglichkeit einer solchen Beschleunigung, d.h. die Existenz einer entsprechenden Überführungsfunktion, gibt das sog. C o l e sche Lemma ([Col]), das ursprünglich für iterative Arrays formuliert wurde, aber, leicht modifiziert, auch für Zellularräume anwendbar ist ([Sm1]).

Es muß ein gewisser Homomorphismus h und eine Menge K gefunden werden, die festlegen, wie die Codierung der Information in $\mathfrak{A}'$ erfolgen muß. Dabei wird man i.allg. keine optimalen Festlegungen erhalten, d.h. in $\mathfrak{A}'$ wird eine starke Informationsredundanz zu beobachten sein. Eine geschickte Wahl von h und K ist entscheidend dafür, die Anzahl der Zustände in $\mathfrak{A}'$ klein zu halten.

<u>Lemma 2.1</u>: Seien $\mathfrak{A} = (A, 2, N, F)$ und $\mathfrak{A}' = (A', 2, N', F')$ Zellularräume. h sei ein injektiver Homomorphismus der additiven Gruppe $(\mathbb{Z}^2, +)$ in sich, und $K \subset \mathbb{Z}^2$ sei eine endliche Menge. Die Zustandsmenge eines Automaten $\underline{x}$ von $\mathfrak{A}'$ werde als cartesisches Produkt der Automaten $h(\underline{x}) + K$ von $\mathfrak{A}$ definiert. Eine hinreichende Bedingung für die Existenz einer Überführungsfunktion

zur Simulation von $\mathfrak{a}$ durch $\mathfrak{a}'$ in 1/k-Realzeit ist folgendermaßen gegeben:

$$h(N') + K \supseteq kN + K$$

Beweis: Sei $\underline{u}$ Automat von $\mathfrak{a}$. Innerhalb von k Übergängen hat $\underline{u}$ Zugriff zu der im Bereich kN enthaltenen Information, d.h. der Zustand von $\underline{u}$ zum Zeitpunkt $t + k$ ergibt sich eindeutig aus den Zuständen der Automaten $\underline{v}$, wobei $\underline{v} \in \{\underline{u}\} + kN$, zum Zeitpunkt t. Insbesondere erhält man den Wert einer Komponenten $h(\underline{x}) + \underline{a}$ eines Automaten $\underline{x}$ aus $\mathfrak{a}'$ zum Zeitpunkt $t + k$, wobei $\underline{a} \in K$, aus den Zuständen der Automaten $\{h(\underline{x})\} + \{\underline{a}\} + kN$ von $\mathfrak{a}$. Der Zustand des Automaten $\underline{x}$ aus $\mathfrak{a}'$ zum Zeitpunkt $t + k$ ergibt sich damit eindeutig aus den Zuständen der Automaten $\{h(\underline{x})\} + K + kN$ von $\mathfrak{a}$ zum Zeitpunkt t.

Andererseits ist der nächste Zustand eines Automaten $\underline{x}$ aus $\mathfrak{a}'$ bestimmt durch die Zustände der Automaten $\{\underline{x}\} + N'$ aus $\mathfrak{a}'$. Der Zustand jedes dieser Automaten ist nach Voraussetzung das cartesische Produkt der Zustände von $\{h(\underline{x} + n')\} + K$.

Eine Beschleunigung um den Faktor k in $\mathfrak{a}'$ kann also erreicht werden, wenn gilt:

$$h(\{\underline{x}\} + N') + K \supseteq \{h(\underline{x})\} + K + kN$$

Da h als Homomorphismus vorausgesetzt war, ist $h(\{\underline{x}\} + N') = h(\underline{x}) + h(N')$. Da $h(\underline{x})$ nur den Ort festlegt, ergibt sich die Bedingung

$$h(N') + K \supseteq K + kN \qquad ::$$

<u>Bemerkungen</u>: 1) Auch dieses Lemma gilt für beliebige Dimensionen, wobei der Beweis wörtlich verwandt werden kann.

2) Der Homomorphismus wird benutzt, um das Raster N' aufzuspreizen oder zu drehen. Legt man um die so entstehenden Rasterelemente jeweils die Elemente aus K, so reicht es für eine Beschleunigung um den Faktor k aus, wenn diese Menge das um K erweiterte k-fache Raster in $\mathfrak{a}$ $kN + K$ überdeckt.

Da K eine endliche Menge ist, kann die Zustandsmenge von $\mathfrak{a}'$ so ausgelegt werden, daß diese zusätzliche Information speicherbar wird.

3) Von einer günstigen Wahl von h und K kann man dann sprechen, wenn die Überdeckung von $K + kN$ möglichst einfach ist, d.h. wenn in $\mathfrak{a}'$ möglichst nicht-redundant Information gespeichert wird, oder m.a.W., wenn die Anzahl der Zustände möglichst klein bleibt.

Eine solche Wahl hängt vom Geschick des damit Arbeitenden ab.

Beispiel 2.3: Sei $\mathfrak{A} = (A, 2, M_1, F)$ Zellularraum. Dann gibt es einen Zellularraum $\mathfrak{A}' = (A', 2, H_1, F')$, der $\mathfrak{A}$ in 1/2-Realzeit simuliert:
Sei $h((x, y)) = (2x - 2y, 2x + 2y)$.
Man rechnet leicht nach, daß die so gewählte Abbildung injektiver Homomorphismus von $(\mathbb{Z}^2, +)$ in sich ist. Anschaulich gesprochen bildet h die vier Elemente des H_1-Rasters, die $\neq \underline{O}$ sind, in die "Ecken" des Rasters M_2 ab ($\underline{O}$ wird natürlich in $\underline{O}$ abgebildet). Wird K als $\bar{M}_3$ gewählt und berücksichtigt man, daß $2M_1 = M_2$ ist, so ist die Bedingung des obigen Lemmas erfüllt:

$$h(H_1) + \bar{M}_3 \supseteq 2M_1 + \bar{M}_3$$

Daraus folgt, daß F' so festgelegt werden kann, daß $\mathfrak{A}'$ den Zellularraum $\mathfrak{A}$ in 1/2-Realzeit simuliert, wobei $|A'| = |A|^{|\bar{M}_3|} = |A|^{16}$.
Die Wahl von h folgte einem unten nochmals erwähnten Vorgehen von H ö l l e r e r [Höl] und B u t l e r [But] für die entsprechende Realzeit-Simulation.
Es gibt natürlich mehrer Möglichkeiten zur Festlegung von h.

Weitere Beispiele für die Anwendung des Lemmas werden durch den Beweis der folgenden Proposition und daran anschließend geliefert.

Proposition 2.3: Sei $\mathfrak{A} = (A, 2, N, F)$ Zellularraum. Dann gibt es einen Zellularraum $\mathfrak{A}' = (A', 2, M_1, F')$, der $\mathfrak{A}$ in 1/k-Realzeit ($k \in \mathbb{N}$) simuliert.
Ist $P(kN)$ der minimale Quader für das Raster kN, so gilt:

$$|A'| = |A|^{|P(kN)|}$$

Beweis: Seien $\underline{u}(kN) = (u_1, u_2)$ und $\underline{o}(kN) = (o_1, o_2)$. Seien $a_i := \max\{u_i, o_i\}$ für $i = 1,2$.
Dann werden h und K folgendermaßen gewählt:

$$h((x_1, x_2)) := (a_1x_1, a_2x_2)$$
$$K := P(kN)$$

Die Bedingung des Lemmas 2.1 hat hier die Form

$$h(M_1) + P(kN) \supseteq kN + P(kN)$$

Aus den folgenden Ableitungen ergibt sich die Gültigkeit dieser Beziehung:
Seien $(x_1, x_2) \in h(M_1) + P(kN)$, $(m_1, m_2) \in M_1$, $(p_1, p_2) \in P(kN)$

Dann gilt: $x_i = a_i m_i + p_i$ für $i = 1, 2$.

Es gelten offensichtlich die folgenden Beziehungen (jeweils für $i = 1, 2$):

1) $$a_i = \begin{cases} u_i & \text{falls } u_i \geq o_i \\ o_i & \text{sonst} \end{cases}$$

2) $-1 \leq m_i \leq 1$

3) $-u_i \leq p_i \leq o_i$

Daraus folgt:

$$-2u_i \leq x_i \leq u_i + o_i \wedge u_i + o_i \leq 2u_i \quad \text{falls } u_i \geq o_i$$

$$-(u_i + o_i) \leq x_i \leq 2o_i \wedge 2u_i < u_i + o_i < 2o_i \quad \text{falls } u_i < o_i$$

und damit - da $h(M_1) + P(kN)$ ein Quader ist -

$$h(M_1) + P(kN) \supseteq \{(\bar{x}_1, \bar{x}_2) / -2u_i \leq \bar{x}_i \leq 2o_i \quad (i = 1,2)\}$$

Die rechte Seite ist aber gerade $= 2P(kN)$, und da $P(kN) \supseteq kN$, folgt dann unmittelbar die Gültigkeit der obigen Beziehung.
Aus Lemma 2.1 folgt dann die Behauptung, auch die Zustandszahl betreffend. ::

Bemerkungen: 1) Auch diese Aussage ist wieder für d-dimensionale Zellularräume gültig und läßt sich vollständig analog beweisen (siehe [Sm2]).
2) Diese Proposition ist konstruktiv in dem Sinne, daß sie für ein beliebiges k die Menge K liefert.

Weiterer Gebrauch von obigem Lemma wird üblicherweise gemacht, wenn man einen Zellularraum mit M_1-Raster in einem Zellularraum mit H_1-Raster in Realzeit simulieren will. Dieses Problem und insbesondere die zweidimensionale Variante wird in der Literatur unter dem Aspekt einer geringen Zustandszahl erstaunlich häufig behandelt. Wenn die entsprechenden Betrachtungen für iterative Arrays einbezogen werden, so sind -ohne Anspruch auf Vollständigkeit- die Arbeiten [Col], [Sm1], [Ham], [Ku1], [But] und [Höl] zu nennen. In den beiden letzteren wird die bisher niedrigste bekannte Zustandszahl (nämlich $|A'| = |A|^4$) erreicht, nach einer Wahl von h , die der aus obigem Beispiel entspricht.

Um zu zeigen, wie eine solche Anfangscodierung vorzunehmen ist - von Yamada und Amoroso [YA3] als "cover-blocking" bezeichnet - und um zu demonstrieren, daß die Zustände jeder Komponenten eines Automaten jeweils wieder auf den aktuellen Stand gebracht werden können, wird diese Simulation in Fig. 8 (in ihrer Informationsstruktur) skizziert.

$\mathfrak{a}$

35	34	33	32	31	30
16	15	14	13	12	29
17	4	3	2	11	28
18	5	0	1	10	27
19	6	7	8	9	26
20	21	22	23	24	25

$\mathfrak{a}'$

		31 30 12 29		
	33 32 14 13	13 12 2 11	11 28 10 27	
	15 14 4 3	3 2 0 1	1 10 8 9	
	17 4 18 5	5 0 6 7	7 8 22 23	
		19 6 20 21		

Fig. 8 Zur Simulation eines Zellularraumes mit M_1-Raster in einem Zellularraum mit H_1-Raster

An der Fig. 8 kann man sich überzeugen, daß jede Komponente eines Zustandes von $\mathfrak{a}'$ mit dem H_1-Raster über die gleiche Information verfügt, die ein Automat im entsprechenden Zustand in $\mathfrak{a}$ mit dem M_1-Raster vorliegen hat.

Der Nachteil dieser Methode besteht darin, daß in der oben beschriebenen Art eine Anfangscodierung vorgenommen werden muß. Auf sie kann bei endlichen zusammenhängenden Anfangskonfigurationen und bei bestimmten Rastern aber verzichtet werden: Sie läßt sich im Zellularraum selbst vornehmen; dann wird aber ein Vorlauf benötigt, d.h. eine "Anfangsüberführungsfunktion" muß später von der "richtigen" Überführungsfunktion abgelöst werden - was entweder eine "große" Überführungsfunktion oder einen Mosaikraum verlangt.

Als weiteres Beispiel für die Anwendung des Lemmas 2.1 wird die Realzeitsimulation eines Zellularraumes mit einem H_1-Raster durch einen Zellularraum mit einem 3-Elemente-Raster, das $\underline{O}$ nicht enthält, beschrieben. Bei dieser Konstruktion, die der von A m o - r o s o und G u i l f o y l e [AmG] (für M_1-Raster) folgt, "gleitet" der Raum nicht - im Gegensatz zur oben beschriebenen 3-Realzeit-Simulation mit dem $\bar{H}_1$- Raster, das ja ebenfalls drei Elemente enthält.

Seien $h \equiv id$, $K = \{(x_1, x_2) / x_1 + x_2 \leq 4 \wedge x_i \geq 0 , i = 1, 2\}$, wobei $|K| = 15$, und $\tilde{N}' = \{(-1, -1), (-1, 2), (2, -1)\}$.
Man rechnet nach, bzw. überzeugt sich durch graphische Veranschaulichung, daß die Bedingung des obigen Lemmas erfüllt ist.

Die Realzeit-Simulation eines Zellularraumes mit M_1-Raster ist z.B. mit $h \equiv id$, $K = \{(x_1, x_2) / x_1 + x_2 \leq 8 \wedge x_i \geq 0 , i=1, 2\}$ und $\tilde{N}' = \{(-2, -2), (3, -1), (-1, 3)\}$ bzw. $\tilde{N}' = \{(-1, -1), (3, -1), (-1, 3)\}$ möglich.

2.3 Zustandsreduktion

Wie oben gezeigt wurde, sind Reduzierungen der Rastergröße erreichbar durch Zustandserweiterungen unter Inkaufnahme von Verzögerungen bzw. durch Zustandserweiterungen allein. Es liegt dann nahe, die Umkehrung zu versuchen, d.h. Zellularräume mit einer minimalen Zahl von Zuständen -das sind sinnvollerweise zwei- zu betrachten.

Die Hauptschwierigkeit bei der Simulation beliebiger Zellularräume durch solche Zellularräume resultiert dabei aus deren Homogenität: Es ist notwendig, jeweils diejenigen Automaten in dem simulierenden Zellularraum, die die (binäre) Codierung des Zustandes des simulierten Zellularraumes enthalten, so zu kennzeichnen, daß sie in die Lage versetzt werden, sich selbst, d.h. genauer, ihren Stellenwert in der Codierung zu identifizieren. C o d d [Cod] liefert ein Beispiel dafür, wie dies durch "Einrahmungen" mit charakteristischen Mustern geschehen kann, während S m i t h [Sm2] angibt, wie durch Einfügen zusätzlicher Codierungsinformation diese Identifizierung möglich wird.

Die erste Methode soll kurz an einem Beispiel beschrieben werden, da dadurch ein guter Eindruck von den auftretenden Problemen und ihrer Lösung zu gewinnen ist, während auf die zweite ausführlicher eingegangen wird, da sie i. allg. mit einer weniger aufwendigen Codierung auskommt.

Ausgehend von einem Zellularraum $\mathcal{A} = (A, 2, H_1, F)$, wobei $|A| = 8$, werde skizziert, wie ein Zellularraum $\mathcal{A}' = (A', 2, N, F')$ mit $A' = \{0, 1\}$ konstruiert werden kann, der $\mathcal{A}$ in Realzeit simuliert.

Die Zustandsinformation wird dual codiert und in Makrozellen gespeichert. Als Makrozelle werden diejenigen Automaten bezeichnet, die im simulierenden Zellularraum zur Aufnahme der Information eines Automaten des simulierten Zellularraumes benötigt werden. Die aus der Homogenität des Zellularraumes resultierende Schwierigkeit besteht nun darin, daß die Grenzen der Makrozellen nicht markiert sein können, was zur Folge hat, daß die einzelnen Automaten sich selbst nicht "identifizieren" können, d.h. nicht in der Lage sind festzustellen, welchen Stellenwert sie in der Codierung haben, bzw. zu welchem Automaten des zu simulierenden Zellularautomaten sie "gehören". Deshalb wird die Makrozelle jetzt so festgelegt, daß sie außer der codierten Zustandsinformation noch weitere Markierungsinformation enthält, die z.B. in der in dem folgenden Schema dargestellten Weise gewählt werden kann:

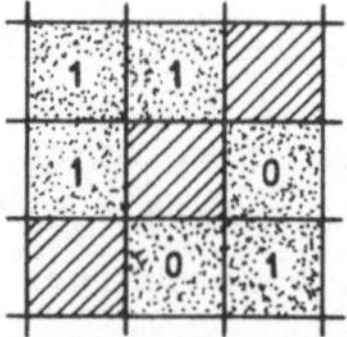

Zustandsinformation

 Markierungsinformation

Um Realzeit-Simulation zu ermöglichen, muß das Raster N so gewählt werden, daß jeder Automat der Makrozelle jeweils mindestens zur gesamten Information der fünf (nach dem H_1-Raster) zusammengehörigen Makrozellen Zugriff hat. Dies ist bei der in Fig. 9 aufgezeichneten Festlegung gewährleistet. (Um die Übersichtlichkeit zu erhöhen, sind die "Grenzen" der Makrozellen verstärkt gezeichnet.)

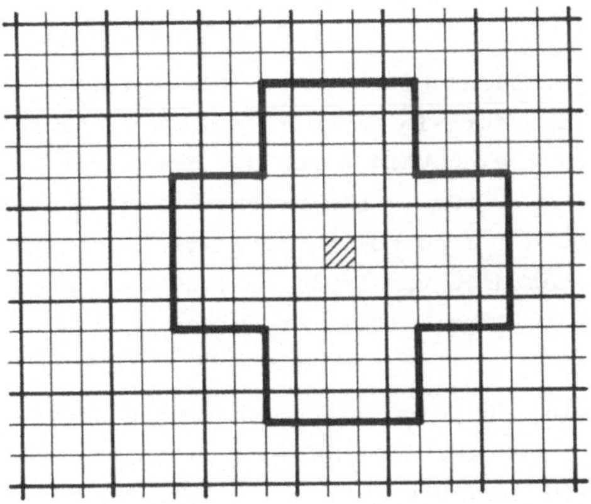

Fig. 9 Raster des Zwei-Zustands-Zellularraumes nach C o d d

Eine genaue Analyse zeigt, daß einmal jeder Automat erkennen kann, ob er Markierungs- oder Zustandsinformation enthält und zum andern im letzten Fall den nächsten Zustand aufgrund der Zustände der Nachbarautomaten bestimmen kann.

Zu beachten ist noch, daß die Abbildung G wieder zu endlichen Konfigurationen führt (O ist dabei der Ruhezustand) - wie ja auch in der Definition der Simulation vorgesehen -, wobei z.B. von dem den Träger minimal umschreibenden Rechteck ausgegangen wird. Dies hat zur Folge, daß bei einer Ausdehnung über die Anfangskonfiguration hinaus zugleich auch die Markierungsinformation in den Makrozellen entsprechend gesetzt werden muß.

Das Charakteristikum der Methode von S m i t h [Sm2] besteht darin, daß der Raum in einer Koordinate gespreizt wird und die Zwischenräume so mit Markierungsinformation gefüllt werden, daß jeder Einzelautomat einer Makrozelle anhand dieser Information erkennen kann,ob er Markierungs- oder Zustandsinformation enthält und im letzteren Fall auch seine Position in dem jeweiligen Codewort identifizieren kann. Dabei wird von sog. "shift-register sequences" (siehe z.B. [Gob]) Gebrauch gemacht, die dazu unter dem Gesichtspunkt einer möglichst geringen Redundanz herangezogen werden. Deshalb seien kurz einige Definitionen und Ergebnisse aus diesem Gebiet zitiert.

Betrachten wir Binärzahlen der Länge n .Dann sind darunter solche von Bedeutung, für die für ein m mit $n \leq 2^m$ jede Position i $(0 \leq i \leq n-1)$ der Zahl eindeutig durch die Kette der Bits an den Positionen $i, i\oplus 1, \ldots, i\oplus m-1$ beschrieben wird; $\oplus$ bezeichnet dabei die Addition mod n . Eine solche Zahl wird nach [Sm2] als eine binäre Schieberegisterfolge vom Grade m (und der Länge n) bezeichnet. Sie heißt nullfrei, falls sie nicht $\underbrace{0\ldots0}_{m}$ als Teilkette enthält.

0011 ist ein Beispiel für eine nullfreie binäre Schieberegisterfolge vom Grade 3 , da sich die Zahlen 0011, 0110, 1100, 1001 in den jeweils ersten drei Bits unterscheiden. Nur die Forderung nach Nullfreiheit, die aus der unten zu beschreibenden Anwendung resultiert, verhindert, daß sie vom Grade 2 ist. Ein Grad $<n$ wird, worauf unten nochmals eingegangen wird, aus Gründen der Aufwandsreduzierung herangezogen.

Nach G o l o m b [Gob], zitiert in der Sprechweise von Smith, gilt:
Für beliebige $m, n \in \mathbb{N}$ mit $m \leq n < 2^m$ gibt es nullfreie binäre Schieberegisterfolgen vom Grade m und der Länge n .

Im folgenden Satz gehen wir von einem Zellularraum mit H_1-Raster aus, was aber nach Obigem keine Beschränkung der Allgemeinheit darstellt.

Proposition 2.4: Sei $\mathfrak{A} = (A, 2, H_1, F)$ Zellularraum. Dann gibt es einen Zellularraum $\mathfrak{A}' = (A', 2, N', F')$ mit $|A'| = 2$, der $\mathfrak{A}$ in Realzeit simuliert.

Beweisskizze: O.B.d.A. wird festgelegt: $A' = \{0, 1\}$, wobei 0 als Ruhezustand definiert wird. In Abhängigkeit von $|A|$ bestimmen wir zunächst die Parameter der nullfreien, binären Schieberegisterfolge, die wir zur Codierung der Information (Zustandscodewörter genannt) und der Position (als Positionscodewörter bezeichnet) benötigen: Sei

$$n := \min_{k \in \mathbb{N}} \{k \;/\; |A| \leq 2^k - k\}$$

n ist damit so gewählt, daß sowohl die Zustandsinformation als auch die k Binärkombinationen, die die Position jedes Bits der Zustandsinformation beschreiben, dargestellt werden können. Um das Raster N' möglichst klein zu halten, wird als Grad m festgelegt:

$$m := \min_{j \in \mathbb{N}} \{j \;/\; n < 2^j\}$$

(Das $<$-Zeichen resultiert aus der Forderung nach Nullfreiheit.)

Seien im folgenden $p_0, p_1, \ldots, p_{n-1}$ die Positionscodewörter einer durch n und m bestimmten nullfreien binären Schieberegisterfolge. Nach Definition von n sind in der Menge $\{0, 1\}^n \setminus \{p_0, \ldots, p_{n-1}\}$ noch mindestens $|A|$ Wörter enthalten, darunter auch 0^n, woraus sich die Zustandscodewörter auswählen lassen; der Ruhezustand von $\mathfrak{a}$ wird durch 0^n dargestellt.

Wir wollen der bequemeren Sprechweise halber noch einige Bezeichnungen einführen:

Für $\underline{x} = (x_1, x_2)$ sei

$$Q(\underline{x}) := \{(2nx_1, x_2), (2nx_1+2, x_2), \ldots, (2n(x_1+1)-2, x_2)\}$$

$$P(\underline{x}) := Q(\underline{x}) + \{(1, 0)\}$$

$$C(\underline{x}) := Q(\underline{x}) \cup P(\underline{x})$$

$$M(\underline{x}) := \{(2nx_1+1, x_2), (2nx_1+3, x_2), \ldots, (2(nx_1+m-1)+1, x_2)\}$$

Die Abbildung G (der Menge der endlichen Konfigurationen von $\mathfrak{a}$ in die von $\mathfrak{a}'$) werde nun so festgelegt, daß für alle $\underline{x} \in tr(c_0) + H_1$ in $Q(\underline{x})$ das entsprechende Zustandscodewort und in $P(\underline{x})$ die binäre Schieberegisterfolge aufgenommen wird, und zwar unabhängig vom Zustandscodewort und außerdem so, daß die ersten m Bits gerade p_0 ergeben. Damit stellt $C(\underline{x})$ eine Makrozelle dar, die sowohl Zustands- als auch Positionsinformation enthält. Die Erweiterung um H_1 wird vorgenommen, um die unten näher beschriebene Ausdehnung der Konfiguration zu ermöglichen.

Das Raster N' von $\mathfrak{a}'$ kann damit festgelegt werden als

$$N' := \bigcup_{\underline{h} \in H_1} (Q(\underline{h}) - Q(\underline{O})) \cup M(\underline{O})$$

Man überzeugt sich leicht, daß ein Automat in $\mathfrak{A}'$ mit Hilfe von $N' \setminus M(\underline{O})$ alle die Zustandscodewörter "überblickt", die die Codierungen der Zustände der in der H_1-Nachbarschaft (des entsprechenden Automaten von $\mathfrak{A}$) befindlichen Automaten darstellen und dies unabhängig von der Lage des Automaten (in $\mathfrak{A}'$) im Zustandscodewort. Aus der letzten Forderung resultiert auch die Vergrößerung des Rasters N' gegenüber einem einfachen "Bild" von H_1. $M(\underline{O})$ wird benötigt, um die m relevanten Bits des Positionscodewortes zu erkennen. Die Beschränkung auf $M(\underline{O})$ (anstelle von $P(\underline{O})$) wird durch die Betrachtung einer Schieberegisterfolge vom Grade m möglich.

Die Anzahl der Elemente von N' ist dann

$$|N'| = |H_1|n + 3(n - 1) + m = 8n - 3 + m$$

wobei der Faktor $(n - 1)$ im zweiten Summanden aufgrund der Überlagerungen in der ersten Koordinaten auftritt.

Zur Festlegung der Überführungsfunktion ist folgendes zu bemerken: Die Konkatenation zweier Zustandscodewörter kann Positionscodewörter als Teilwörter aufweisen. Es gilt jedoch, wie man sich leicht überzeugt, folgendes: Sind z^1, z^2 und z^3 (nicht notwendig verschiedene) Zustandscodewörter mit $z^i = z_o^i z_1^i \dots z_{n-1}^i$ (i=1,2,3) und existiert ein k $(0 < k \leq n-1)$, so daß

$$z^{12} := z_k^1 z_{k+1}^1 \dots z_{n-1}^1 z_o^2 z_1^2 \dots z_{k-1}^2$$

ein Positionscodewort bildet, so ist für

$$z^{23} := z_k^2 z_{k+1}^2 \dots z_{n-1}^2 z_o^3 z_1^3 \dots z_{k-1}^3$$

$z^{12} \neq z^{23}$. D.f. daß mit dem Raster N', das u.a. beide Wörter z^{12} und z^{23} überblickt, erkannt werden kann, ob z^{12} Positionscodewort ist; dann müßte z^{23} ebenfalls Positionscodewort sein, und zwar das gleiche. Jeder Automat, der zu einem Zustandscodewort gehört, verfügt über genügend Information, um das entsprechende Bit des neuen Zustandscodewortes bestimmen zu können. Ist er Teil eines Positionscodewortes, so behält er seinen Zustand bei.

Die Verhaltensfolge in $\mathfrak{A}'$ kann i.allg. natürlich über den durch das Bild des Trägers von c_o gegebenen Bereich hinaus anwachsen.

Dann müssen sowohl Positionscodewörter als auch Zustandscodewörter entsprechend weiter verbreitet werden. Da mit dem gewählten Raster eine gleichzeitige Festlegung nicht möglich ist, wird -wie oben erwähnt - das Bild des Trägers zunächst mit einem "Rand" von Positionscodewörtern umgeben und außerdem wird bei jedem Übergang die Positionscodeinformation gemäß dem Schema des H_1-Rasters weiterverbreitet. Daß dies möglich ist, beruht auch auf der Nullfreiheit der binären Schieberegisterfolge. ::

Bemerkungen: 1) Die Aussage läßt sich ohne größere Änderungen auf d-dimensionale Zellularräume übertragen, wobei die Aufspreizung auch wieder nur in einer Koordinaten zu erfolgen braucht. Mit den Bezeichnungen für m und n von oben, gilt dann für die Rastergröße:

$$|N'| = 4nd - 2d + m + 1$$

2) In [Lae] wird, allerdings nur andeutungsweise, das Vorgehen von S m i t h und ein Verfahren, in dem kommafreie Codes benutzt werden, vergleichend diskutiert (auch quantitativ). L a e m m e l weist darauf hin, daß die oben beschriebenen nicht-zusammenhängenden Raster durch den Zwang zur (elektrischen) Verbindung weiter entfernter Automaten Nachteile bei der Realisierung mit sich bringen könnten.

Beispiel 2.4:

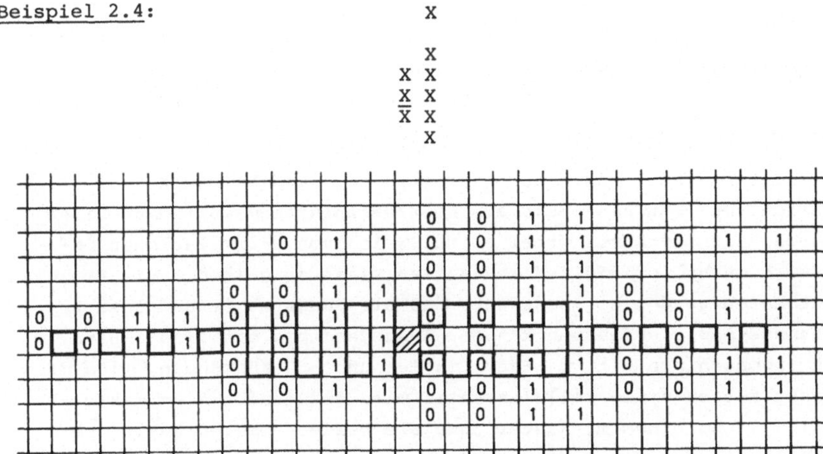

Fig. 10: Träger einer Konfiguration in $\mathcal{A}$ und entsprechender Positionscode und Raster in $\mathcal{A}'$

In Fig. 10 ist $\mathfrak{a} = (A, 2, H_1, F)$ mit $|A| = 8$ - wie im Coddschen Fall - ein Zellularraum. n ergibt sich zu 4 . Das o.a Beispiel einer nullfreien binären Schieberegisterfolge vom Grade m=3 kann dann benutzt werden. Positionscodewörter sind $p_o = 0011$, $p_1 = 0110$, $p_2 = 1100$, $p_3 = 1001$. Das Zustandscodewort für den Ruhezustand wird als 0000 festgelegt; die übrigen Zustandscodewörter können aus der verbleibenden Menge $\{0, 1\}^4 \setminus \{0000, p_o, p_1, p_2, p_3\}$ beliebig gewählt werden. Fig. 10 stellt ein Beispiel für eine Konfiguration in $\mathfrak{a}'$ dar, wobei nur der Positionscode und das Raster eingezeichnet sind; darüber ist der Träger der entsprechenden Konfiguration in $\mathfrak{a}$ aufgezeichnet.
Es ist $|N'| = 32$, während nach dem Verfahren von C o d d eine Rastergröße von 85 erforderlich war.

2.4 Berechnungsuniversalität

Nach den Betrachtungen über Raster- und Zustandsreduktion erhebt sich die Frage nach der überhaupt notwendigen "Größe" von Zellularräumen. Sie läßt sich natürlich nur dann sinnvoll beantworten, wenn die Aufgaben, die von Zellularräumen bearbeitet werden sollen, näher spezifiziert werden. Naheliegend ist es, zu verlangen, daß Berechnungsuniversalität erreicht werden muß.

Für die Konstruktion entsprechender berechnungsuniverseller Zellularräume gibt es zwei verschiedene Ansätze, von denen wir zunächst näher auf den m.E. anschaulicheren eingehen wollen, um im Anschluß daran den anderen kurz zu skizzieren.

S m i t h [Sm3] wählt den "direkten Weg" und betrachtet die Simulation von -etwas anders als hier definierten- Turingmaschinen durch Zellularräume, wobei er teilweise von R-Simulationen Gebrauch macht (um die Zustandszahlen klein zu halten): Die Einzelautomaten werden so ausgelegt, daß sie Bandsymbole und/oder Zustandssymbole aufnehmen können. Ausgehend von off-line 1-Band-Turingmaschinen mit m Bandsymbolen und n Zuständen, wird die Konstruktion eines Zellularraumes mit d=2 und $|A| = \max(m + 1, n + 1)$ und einem M_1-Raster ohne die beiden "oberen Ecken" beschrieben, das die Turingmaschine in Realzeit R-simuliert. Dabei wird allerdings von der Zweidimensionalität nicht eigentlich Gebrauch gemacht, sondern lediglich ein Streifen benutzt, in dem jede Zelle ein Feld des Bandes darstellt, während im "benachbarten" Streifen jeweils nur genau eine Zelle nicht im Ruhezustand ist; diese Zelle repräsentiert den Kopf in dem entsprechenden Zustand. Die relativ niedrige Zustandszahl wird mit dem relativ großen Raster erkauft: Mit einem H_1-Raster ergibt sich $|A| = \max(2m + 2, 2n + 2)$ und eine Verlangsamung der Berechnung um einen Faktor ≤ 3 . Sieht man für den zu simulierenden Kopf an der entsprechenden Stelle eine eigene Zelle zwischen zwei, Felder repräsentierenden, Zellen vor, so läßt sich eine Turingmaschine auch in einem eindimensionalen Zellularraum mit H_1-Raster und $|A| = 2n + m$ in höchstens doppelter Realzeit R-simulieren.

Da diese Simulationen für beliebige Turingmaschinen durchführbar sind, lassen sich so natürlich auch universelle Turingmaschinen simulieren. Nach [Min] gibt es universelle Turingmaschinen mit 6 Bandsymbolen und 6 Zuständen, die dann nach der zuerst erwähnten Vorgehensweise in Zellularräumen mit $d = 2$ und $|A| = 7$ und dem erwähnten Raster R-simulierbar sind.

Eine Modifikation des R-Simulations-Ergebnisses in eindimensionalen Zellularräumen sei im folgenden für den oben eingeführten Simulationsbegriff näher beschrieben.

<u>Proposition 2.5</u>: Sei $\mathcal{T} = (Q, X, f)$ Turingmaschine mit $|Q| = n$ und $|X| = m$. Dann gibt es einen Zellularraum $\mathfrak{A} = (A, 1, H_1, F)$ mit $|A| = m + 4n$, der $\mathcal{T}$ in 2-Realzeit simuliert.

Beweis: Wie oben erwähnt, wird jedes Symbol einer Konfiguration (der Turingmaschine) in einem Automaten dargestellt. Das H_1-Raster erlaubt es nicht, wie man sich leicht überlegt, die Linksverschiebung in einem Schritt zu simulieren; deshalb wird in jeweils einem Zwischenschritt ein Zustand eingeschoben, aus dem neben dem neu anzunehmenden Zustand (der zu simulierenden Turingmaschine) die Bewegungsrichtung ersichtlich ist. -Der Systematik halber wird dies auch für Rechtsbewegung und Stehenbleiben vorgenommen. - Die Zustandsmenge wird folgendermaßen festgelegt:

$$A := X \,\dot{\cup}\, Q \,\dot{\cup} \bigcup_{K \in \{L,R,N\}} Q^K$$

wobei $Q^K := \{q^K \,/\, q \in Q\}$ für $K \in \{L, R, N\}$. Das uneigentliche Symbol von X stellt den Ruhezustand dar. Dies geschieht, um die

Simulation der Banderweiterung möglichst einfach vornehmen zu können.

F wird in Abhängigkeit von f wie folgt bestimmt, wobei die Werte der entsprechenden lokalen Transformation σ angegeben werden mit dem hier spezifizierten Nachbarschaftsindex (-1, 0, +1):

$$(f(q,x) = (\bar{q},\bar{x},N)) \Rightarrow ((\forall x', x'' : x', x'' \varepsilon X) \\ (\sigma(x', q, x) = \bar{q}^N , \\ \sigma(q, x, x'') = \bar{x} , \\ \sigma(x', \bar{q}^N, x'') = \bar{q}))$$

$$(f(q,x) = (\bar{q},\bar{x},R)) \Rightarrow ((\forall x', x'', \hat{x} : x', x'', \hat{x} \varepsilon X) \\ (\sigma(x', q, x) = \bar{q}^R , \\ \sigma(q, x, x'') = \bar{x} , \\ \sigma(x', \bar{q}^R, x'') = x'' , \\ \sigma(\bar{q}^R, x'', \hat{x}) = \bar{q}))$$

$$(f(q,x) = (\bar{q},\bar{x},L)) \Rightarrow ((\forall x', x'', \hat{x}, \tilde{x} : x', x'', \hat{x}, \tilde{x} \varepsilon X) \\ (\sigma(x', q, x) = \bar{q}^L , \\ \sigma(q, x, x'') = \bar{x} , \\ \sigma(x', \bar{q}^L, \hat{x}) = x' , \\ \sigma(\tilde{x}, x', \bar{q}^L) = \bar{q}))$$

In allen anderen Fällen bleiben die Automaten in ihrem Zustand.

Wird H als Umkehrung der obigen Einbettung angenommen, so folgt daraus die Behauptung. ::

Bemerkung: Eine Realzeit-Simulation läßt sich erreichen, wenn als Nachbarschaftsindex (-1, 0, +1, +2) gewählt wird, wobei $m + n$ Zustände benötigt werden.

Korollar 2.1: Es existiert ein eindimensionaler berechnungsuniverseller Zellularraum mit zwei Zuständen.

Beweis: Aus dem Beweis der vorstehenden Proposition ist ersichtlich, daß sich beliebige, also auch universelle Turingmaschinen in Zellularräumen simulieren lassen. Mit Proposition 2.4 folgt dann die Behauptung. ::

In [Sm3] ist darauf hingewiesen, daß die beschriebenen Konstruktionen abhängig von der zu simulierenden Turingmaschine sind, da zu jeder Turingmaschine ein entsprechender Zellularraum , d.h. u.a.

auch eine entsprechende Überführungsfunktion, konstruiert werden muß. Dies wird bei dem zweiten Ansatz vermieden: Im Rahmen der Untersuchung selbstreproduzierender Zellularräume wird, wie erwähnt, die Berechnungsuniversalität verlangt. Die "kleinsten" berechnungsuniversellen zweidimensionalen Zellularräume sind in diesem Zusammenhang von B a n k s [Ban] beschrieben worden: Er zeigt, wie man in Zellularräumen "Drähte", Dioden und Taktgeber (Uhren) darstellen kann und wie auf den Drähten laufende Signale disjunktiv verknüpft und "negiert" werden können. Aus solchen Bausteinen lassen sich bekanntlich endliche Automaten konstruieren, und damit auch z.B. eine Minskysche Zwei-Register-Maschine in einem Zellularraum als Anfangskonfiguration implementieren. Da es B a n k s außerdem möglich ist, Drähte zu verlängern, kann er in einem Zellularraum beliebige Zwei-Register-Maschinen - die Turingmaschinen äquivalent sind (siehe z.B. [Min])- simulieren. Da dies auch für universelle Zwei-Register-Maschinen gilt, ist somit die Universalität gezeigt. Er gibt u.a. Lösungen an, bei denen mit Zwei-Zustands-Automaten und dem Moore-Raster bzw. mit Drei-Zustands-Automaten und dem von Neumann-Raster gearbeitet wird. Der Vorteil der geringen Zustandszahl × Rastergröße-Komplexität dieser Zellularräume wird durch eine recht komplizierte Konstruktion, d.h. eine umfangreiche und unübersichtliche Anfangskonfiguration erkauft.

Es sei nochmals erwähnt, daß die Untersuchungen von B a n k s im Zusammenhang mit dem Problem der Selbstreproduktion in Modifizierung der Arbeiten u.a. v o n N e u m a n n s , T h a t c h e r s und C o d d s angestellt wurden. In den genannten Konstruktionen sind jeweils auch berechnungsuniverselle Zellularräume enthalten.

Der gleichen Philosophie folgt eine Konstruktion von A r b i b [Ar1], [Ar3] : Er geht von W a n g -Maschinen aus, die auch wieder über dieselben Fähigkeiten wie Turingmaschinen verfügen. Sie benutzen ein Band mit zwei Bandsymbolen, zu dem die Steuereinheit über einen Kopf zugreifen kann. Die Steuereinheit enthält ein endliches Programm, das sich aus Befehlen der Art "schreibe", "bewege", "bedingter Sprung (auf einen anderen Befehl in Abhängigkeit vom Inhalt des Feldes)", "stop" zusammensetzt. Solche Wang-Maschinen werden in einem Streifen der Breite 3 eines zweidimensionalen Zellularraumes mit H_1-Raster R-simuliert. Es werden dabei Zellen betrachtet, die man sich der Übersichtlichkeit halber in Register unterteilt vorstellt; dabei ist |A| größenordnungsmäßig 10^{100}. Das Programm der Wang-Maschine wird in einem endlichen Teil einer Reihe dargestellt, der Kopf durch zwei Zellen in der Reihe darunter und das Arbeitsband in einer weiteren Reihe. Die Zeit, die zur R-Simulation benötigt wird, ist abhängig von der Struktur des Programms der Wang-Maschine und der initialen Bandinschrift. Der Nachteil der Konzeption liegt m.E. darin, daß angenommen wird, daß zusammenhängende Zellen durch einen auf eine Zelle wirkenden Befehl gemeinsam verschoben werden können (dies ließe sich allerdings durch eine weitere Vergrößerung von A und eine Modifikation der Zustandsüberführungsfunktion vermeiden), während ihr Vorteil, wie bereits erwähnt, in der relativ einfachen Struktur des Zellularraumes zu sehen ist; verschiedene Wang-Maschinen können im selben Zellularraum durch Belegung mit verschiedenen Anfangskonfigurationen R-simuliert werden.

Diese Konstruktion nimmt, was die Überschaubarkeit betrifft, eine Zwischenstellung zwischen der nach v o n N e u m a n n u.a. und der von S m i t h ein.

Zu bemerken ist noch, daß bei allen diesen Simulationen von der eigentlichen Fähigkeit der Zellularräume, nämlich der der Parallelität, nur ein sehr eingeschränkter Gebrauch gemacht wird.

3. Synchronisationsprobleme

Untersuchungen zur Möglichkeit des gleichzeitigen Arbeitens oder des Arbeitsbeginns einer Anzahl miteinander verbundener Automaten werden aktuell im Zusammenhang mit Polyautomaten. Die dabei entwickelten Algorithmen sind einerseits um ihrer selbst willen von Bedeutung und werden zudem bei einigen zu erwähnenden parallelen Algorithmen benutzt.

In diesem Kapitel wird zunächst in einer mehr beschreibenden Weise auf die Konzeption asynchroner Zellularräume eingegangen; es wird sich zeigen, daß man mit ihnen bereits auskäme, jedoch ist m. E. die synchrone Betrachtungsweise anschaulicher, so daß wir uns im weiteren darauf beschränken werden.

Das Prinzip zur Lösung des sog. Firing Squad Synchronization-Problems wird in aller Ausführlichkeit erläutert - nicht so sehr weil der betreffende Algorithmus von großer praktischer Bedeutung wäre, sondern vielmehr um an diesem (einfachen) Beispiel die prinzipielle Vorgehensweise bei der Konstruktion paralleler Algorithmen klar zu machen.

Des weiteren werden Modifikationen der Grundaufgabe behandelt und das in diese Klasse gehörende Problem der Festlegung eines global ausgezeichneten Automaten.

3.1 "Synchronisation" asynchroner Zellularräume

Wir haben oben erwähnt, daß wir ein synchrones Arbeiten der Automaten eines Mosaikraumes annehmen. Hier soll kurz dargestellt werden, daß diese Annahme überflüssig ist und lediglich zur Vereinfachung der Vorstellung eingeführt wurde. Es ist nämlich möglich, zu jedem (synchronen) Zellularraum einen Zellularraum zu konstruieren, der aus asynchron arbeitenden Automaten - d.h. solchen, die jeweils einen eigenen Taktgeber besitzen -, besteht, und der in einem gewissen Sinn das gleiche leistet (bzgl. der Synchronisierung siehe aber Bemerkungen am Ende von 3.2.2).

Da wir von dieser Aussage im folgenden keinen unmittelbaren Gebrauch machen werden, verzichten wir auf eine exakte Formulierung - sowohl asynchroner Zellularräume als auch "gleicher Leistung", wozu lediglich bemerkt sei, daß wir von der oben erwähnten "Resultatsimulation" Gebrauch machen müßten - und einen Beweis und schildern nur ganz grob die Vorgehensweise.

Für verallgemeinerte Zellularräume (sog. intelligente Graphen) ist ein entsprechendes Ergebnis in [RFH] enthalten, für Zellularräume in [Nak] . Die Konstruktion beruht darauf, daß jeder Automat eine Anzeige beinhaltet, die den Stand seiner Berechnung angibt. Diese braucht nicht über die Gesamtarbeitszeit registriert zu werden, sondern es reicht ein mod 3-Zähler aus. Ein "echter Übergang" findet in einem Automaten nur dann statt, wenn die ihm benachbarten Automaten einen entsprechenden Stand (mit einer Versetzung um maximal +1) erreicht haben; andernfalls geht der Automat in den gleichen Zustand über. Das heißt natürlich auch, daß keine Überführungs<u>funktion</u> mehr vorliegt, sondern eine Überführungs<u>relation</u> benutzt wird. Auf die entsprechenden Formalismen wollen wir hier verzichten, und so z.B. auch annehmen, daß ein asynchroner Zellularraum entsprechend definiert wird. Die Zustandsmenge der asynchronen Automaten muß noch zusätzlich vergrößert werden, um die versetzten Automaten mit den richtigen Zuständen versorgen zu können.

Sei $\mathfrak{A} = (A, d, N, F)$ (synchroner) Zellularraum, wobei $\tilde{N}$ ein symmetrisches Raster und $\underline{0} \in \tilde{N}$, und sei $\sigma := \delta^{-1}(F)$. Dann wird ein asynchroner Zellularraum $\mathfrak{A}' = (A', d, N, F')$, der das gleiche leistet, folgendermaßen konstruiert:

$A' := \{0, 1, 2\} \times A \times A$, wobei $(0, z_0, z_0)$ der Ruhezustand sei; er spielt hier weiter keine Rolle, muß aber aufgrund der Definition aufgenommen werden.

Sei $N = (\underline{a}_1, \dots , \underline{a}_n)$ mit $\underline{a}_1 = \underline{0}$ und $\boxplus$ bezeichne die Addition modulo 3. Die lokale Überführungsrelation von $\mathfrak{A}'$ ergibt sich implizit wie folgt:

$$c_{t_{\underline{i}}+1}(\underline{i}) = \begin{cases} (pr_1(c_{t_{\underline{i}}}(\underline{i})) \boxplus 1,\ \sigma(\bar{c}^n_{t_{\underline{i}}}(\nu_N(\underline{i}))),\ c_{t_{\underline{i}}}(\underline{i})), \text{ falls} \\ \quad \forall k \in \{2, \dots, n\} : \\ \quad pr_1(c_{t_{\underline{i}}}(\underline{i}+\underline{a}_k)) \in \{pr_1(c_{t_{\underline{i}}}(\underline{i})), pr_1(c_{t_{\underline{i}}}(\underline{i})) \boxplus 1\} \\ c_{t_{\underline{i}}}(\underline{i}) \quad \text{sonst} \end{cases}$$

Dabei ist $\bar{c}^{n}_{t_{\underline{i}}}(\nu_N(\underline{i})) = (u^1, \ldots, u^n)$, $u^j \in A$, $1 \le j \le n$, mit

$$u^j = \begin{cases} pr_2(c_{t_{\underline{i}}}(\underline{i}+\underline{a}_j)), & \text{falls } pr_1(c_{t_{\underline{i}}}(\underline{i}+\underline{a}_j)) = pr_1(c_{t_{\underline{i}}}(\underline{i})) \\ pr_3(c_{t_{\underline{i}}}(\underline{i}+\underline{a}_j)), & \text{falls } pr_1(c_{t_{\underline{i}}}(\underline{i}+\underline{a}_j)) = pr_1(c_{t_{\underline{i}}}(\underline{i})) \boxplus 1 \end{cases}$$

Der Index $t_{\underline{i}}$ ist notwendig, da jeder einzelne Automat $\underline{i}$ eine eigene Taktzeit hat, wobei $(t_{\underline{i}}+m+1)-(t_{\underline{i}}+m)$ auch noch von m abhängen kann.

Die zweiten Komponenten von A' enthalten also die aktuellen Zustände, während die dritten Komponenten die zuletzt angenommenen Zustände speichern.

Bemerkungen: 1) Eine mod 2-Zählung wäre nicht ausreichend, weil dann jede Kombination eine Fortschaltung erlaubte.
2) Obiges Verfahren funktioniert nicht, wenn $\underline{0} \notin \tilde{N}$. Dann könnte das Vorgehen nicht vom eigenen Zustand abhängig gemacht werden. Im eindimensionalen Fall z.B. läge für $N = (-1, 1)$ jedesmal eine Kombination von Nachbarn vor, die dem Automaten erlaubten, einen "echten" Übergang durchzuführen, so daß er den andern beliebig weit vorauseilen könnte.
3) Das Verfahren läßt sich auch nicht bei asymmetrischen Rastern anwenden, weil dabei Fehler im Zeitverhalten auftreten, wie an folgendem Beispiel zu sehen ist: In einem eindimensionalen Zellularraum sei das asymmetrische Raster $N = (-1, 0, 1, 2)$ gegeben. Betrachten wir einen Ausschnitt, in dem nur die ersten Komponenten angegeben werden:

```
0 (0) 0 0 0 0 0
      1 1 1 1 1
      1 2 2
```

U.a. kann dann der gekennzeichnete Automat, sagen wir i, nicht mehr den richtigen Zustand annehmen, da sein Nachbar $i+2$ schon zu weit fortgeschritten ist.

Beispiel 3.1 Es soll das Übergangsverhalten eines nach dem geschilderten Verfahren konstruierten asynchronen Zellularraumes $(A', 1, H_1^{(1)}, F')$ dargestellt werden, wobei jedoch nur die ersten Komponenten der Zustände aufgelistet werden; die Randzustände sollen immer "richtige" Nachbarn besitzen. (Die unterschiedlichen Zeilenabstände sollen die Asynchronität veranschaulichen.)

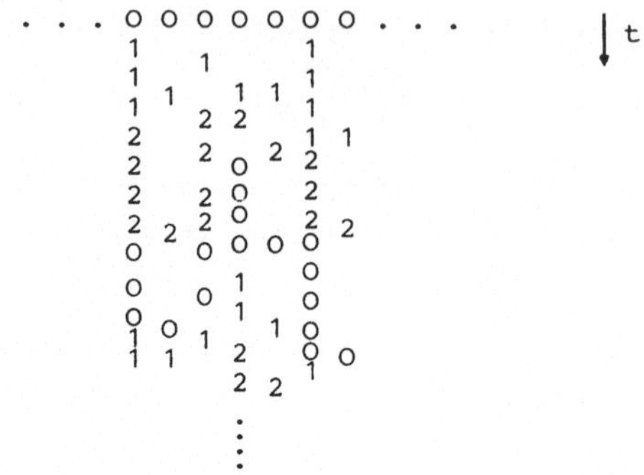

Das Verfahren läßt sich unter gewissen Voraussetzungen so modifizieren, daß es auch für asymmetrische Raster benutzt werden kann, ohne daß eine Änderung des Rasters im zu simulierenden (asynchronen) Zellularraum notwendig würde.
(1) Es werden nur Zellularräume mit solchen endlichen Anfangskonfigurationen betrachtet, deren Träger einfach-zusammenhängend sind. Außerdem werden einmal geänderte Ruhezustände in Pseudoruhezustände überführt, so daß die Träger immer einfach-zusammenhängend bleiben.
(2) Das Raster N muß den gesamten Raum aufspannen, worunter folgendes verstanden werde:

$$\bigcup_{k=0}^{\infty} k \cdot N = \mathbb{Z}^d$$

Um den in der Bemerkung 3) genannten Fall auszuschließen, ist folgendes Vorgehen zu wählen: Von demjenigen Rand des Trägers, der in der Richtung der "kürzeren Arme" des Rasters liegt, ausgehend, werden abwechselnd zwei Arten von Startsignalen durch den Zellularraum gesandt. Ein Automat darf nur dann einen "echten" Übergang ausführen, wenn in den Automaten, die auf der kürzeren Seite des Rasters liegen, diese Startsignale eingetroffen sind. Ein solches Signal wird in einem Automaten nur dann gelöscht bzw. vom nächsten Signal überschrieben, wenn es vom entsprechenden nächsten Automaten übernommen wurde.

In dem folgenden Schema ist wieder die Darstellungsweise aus Beispiel 3.1 verwandt.

Beispiel 3.2

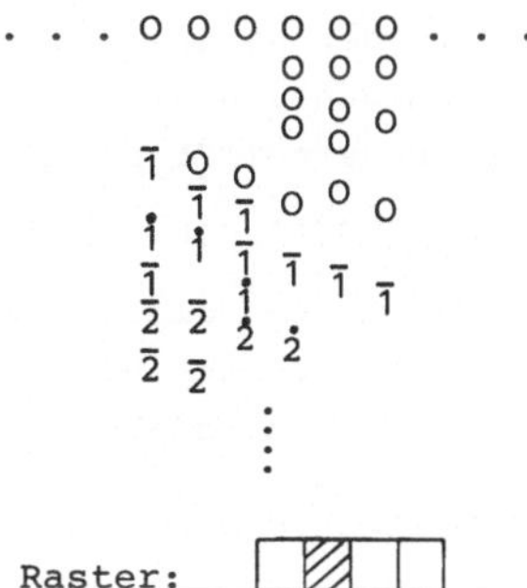

Raster:

Wesentlich ausführlicher und überdies exakt wird das Thema asynchroner Zellularräume von G o l z e ([Go2], [Go4]) diskutiert, wo u.a. neben der hier behandelten Synchronisation - von ihm als lokale Synchronisation bezeichnet - auch eine sog. globale Synchronisation besprochen wird.

3.2 Firing Squad Synchronization - Problem

3.2.0 Problemstellung

Nach M o o r e [Mo2] stellte M y h i l l 1957 die Frage nach Möglichkeiten zur Synchronisation beliebig langer Ketten von Automaten - die selbst wieder synchron arbeiten -, ein Problem, das in der Zwischenzeit als "Firing Squad Synchronization - Problem" (FSSP) bezeichnet wird, und für das und entsprechende Modifikationen eine Reihe von Lösungsvorschlägen gemacht wurden.

In der Formulierung von M o o r e lautet das ursprüngliche Problem folgendermaßen:

"Betrachten wir eine endliche (aber beliebig lange) eindimensionale Reihe von endlichen Automaten, die alle gleich sind, abgesehen von denen am Rand. Die Automaten werden Soldaten genannt, und einer der Endautomaten wird als General bezeichnet. Die Automaten arbeiten synchron, und der Zustand jedes Automaten zum Zeitpunkt t+1 hängt von seinem Zustand und den Zuständen seiner beiden Nachbarn zum Zeitpunkt t ab. Das Problem besteht darin, die Zustände und Übergänge der Soldaten in der Weise auszulegen, daß der General sie veranlassen kann, zum genau gleichen Zeitpunkt in einen speziellen Endzustand (das 'Feuern') überzugehen. Zu Beginn (t=0) seien alle Soldaten im Ruhezustand. ..."

Es wird noch darauf hingewiesen, daß die Automaten unabhängig von der Länge n der Reihe arbeiten müssen, d.h. grob gesprochen, daß ihnen nicht erlaubt wird, bis n zu zählen.

Etwas präziser formuliert besteht die Aufgabe darin, eine Klasse von eindimensionalen zellularen Automaten mit einfach-zusammenhängender Retina und einem H_1-Raster $(A, 1, H_1, F)$ so anzugeben, daß für $|R| = n$, wobei $n > 1$, gilt:

a) $\exists t \in \mathbb{N} : F^t(g\, z_o^{n-1}) = f^n$, wobei $f, g, z_o \in A$

b) $\forall t' < t : F^{t'}(g\, z_o^{n-1}) \in [A \setminus \{f\}]^n$

c) Mit $\sigma := \delta^{-1}(F)$ und $H_1 = (0, -1, 1)$ gelte: $\sigma(z_o, z_o, \#) = z_o$

Bemerkungen: 1) Manchmal wird auch vorausgesetzt, daß der General g am rechten Rand steht.

2) Der Feuerzustand darf also "zwischendurch" in keinem Automaten angenommen werden.

3) Der Randautomat, der nicht General ist, darf nicht "ohne Anregung" aktiv werden.

Es sei bemerkt, daß die triviale "Lösung", nämlich die Kette im ersten Schritt durch den Taktgeber in den Feuerzustand zu versetzen, nicht funktioniert, wenn die Voraussetzung der deterministischen Arbeitsweise der Automaten ($\sigma = \delta^{-1}(F)$ ist ja als Abbildung gegeben) beachtet wird: Im Widerspruch zur Festlegung des Ruhezustandes müßten Automaten, die im Ruhezustand sind und deren beide Nachbarn ebenfalls im Ruhezustand sind, in den Feuerzustand übergehen. Bei Modifikationen für Anwendungsfälle (siehe z.B. [VoS]) wird von Synchronisationsalgorithmen auch für einzelne Schichten eines zellularen Automaten Gebrauch gemacht, in der die Automaten bereits gearbeitet haben, d.h. sich nicht mehr im Ruhezustand befinden und wo der Generalzustand "von außen" gesetzt wird.

3.2.1 Eine "einfache" Lösung

Liegt ein FSSP der oben beschriebenen Art vor, so läßt sich zeigen, daß mindestens 2n-2 Übergänge notwendig sind, um eine Synchronisation zu erreichen ([Got] , [Wak]). Darauf wird unten kurz eingegangen werden.

Weiterhin ist bekannt, daß eine solche zeitoptimale Lösung mit $|A| \leq 8$ realisierbar ist ([Bal]).

Im folgenden soll jedoch zunächst eine zeitaufwendigere Lösung (nach B a l z e r [Bal]) beschrieben werden, bei der zudem eine größere Zahl von Zuständen benötigt wird, an der aber dafür die prinzipielle Vorgehensweise deutlich sichtbar wird.

Bei der Beschreibung von Algorithmen wird öfter das Konzept der "Signale" benutzt, worunter wir folgendes verstehen wollen: Nimmt ein Automat nach einer bestimmten Zahl k $(k \in \mathbb{N})$ von Zeiteinheiten (gemessen in Anwendungen der Überführungsfunktion) den Zustand z eines benachbarten Automaten an, verhält sich sein entsprechender Nachbar analog, usw., so sagt man, das Signal z läuft mit der Geschwindigkeit 1/k in die entsprechende Richtung, bzw. das Signal wird mit der Geschwindigkeit 1/k ausgesandt. Es ist klar, daß bei Vorliegen eines H_1-Rasters die Signallaufgeschwindigkeit nicht größer als 1 werden kann; die Geschwindigkeit 1 wird deshalb gelegentlich auch als Lichtgeschwindigkeit in Zellularräumen bezeichnet. (Statt Signal sagen wir auch Welle oder Impuls.)

<u>Algorithmus 3.1</u>: Der Grundgedanke der Lösung besteht darin, die Mitte der Retina aufzusuchen, die beiden entstehenden Hälften wieder zu halbieren, und so fortzufahren, bis alle Automaten "Mittelautomaten" geworden sind, woraufhin das gleichzeitige Feuern erfolgt.

Der General, der nach unserer Annahme am linken Rand steht, sendet zunächst zwei Signale (S1 und S3) nach rechts. S1 hat dabei die Geschwindigkeit 1 , während S3 mit der Geschwindigkeit 1/3 läuft; um letzteres zu erreichen, braucht den Automaten nur erlaubt zu werden, bis 3 zählen zu dürfen. Erreicht S1 den rechten Rand, bzw. genauer den entsprechenden Endautomaten, so wird von ihm ein Signal S2 mit der Geschwindigkeit 1 nach links ausgesandt. Durch die angegebenen Geschwindigkeiten der Signale bedingt, treffen sich die Signale S2 und S3 "in der Mitte" der Retina. Die "Mitte" kann dabei durch einen oder durch zwei Automaten repräsentiert werden, je nachdem ob n ungerade oder gerade ist. Der Einfachheit halber wollen wir hier und im folgenden immer nur von <u>dem</u> jeweiligen Mittelautomaten sprechen.

Der Mittelautomat wird in den Rang des Generals versetzt und sendet jeweils S1- und S3-Signale nach beiden Seiten. Auf diese Weise werden simultan die Mittelautomaten der beiden Halbreihen bestimmt. Dieses Verfahren wird solange fortgeführt, bis alle Automaten als Mittelautomaten markiert wurden. Dann erfolgt synchron das Feuern.

Wesentlich ist, daß das Feuern durch lokale Entscheidungen ausgelöst wird: Ein Nichtendautomat geht genau dann in den Feuerzustand über, wenn alle (drei) Automaten in seiner Nachbarschaft (einschließlich ihm selbst) Mittelautomaten sind. Ein Endautomat feuert, sobald sein entsprechender Nachbar und er selbst Mittelautomaten sind.

Da die Zeiten zum Bestimmen der Mittelautomaten entsprechend durch $3n/2$, $3n/4$, $3n/8$,... abschätzbar sind, wird das Feuern nach spätestens $3n$ Übergängen erreicht. ::

Fig. 11 stellt ein Beispiel für diese einfache Lösung dar. Die Markierung der Mittelautomaten bleibt natürlich solange erhalten, bis sie vom Feuerzustand abgelöst wird.

3.2.2 <u>Eine zeitoptimale Lösung</u>

<u>Proposition 3.1</u>: Für das in 3.2.0 beschriebene Firing Squad Synchronization - Problem mit $|R| = n$ gilt:

$$t \geq 2n - 2 .$$

Beweis: Im Gegensatz zur Behauptung sei angenommen, es liege ein zellularer Automat mit $|R| = n$ vor, so daß mit $t_o < 2n-2$ gelte:

$$F^{t_o}(g\ z_o^{n-1}) = f^n .$$

Zum Zeitpunkt t_o kann der General g keine Rückmeldung vom n-ten Automaten empfangen haben, da hierzu $2n-2$ Schritte notwen-

t

1	2	3	4	5	6	7	8	9	10	11	12	13	14	15	16	17	18
	S1																
		S1															
	S3		S1														
				S1													
					S1												
		S3				S1											
							S1										
								S1									
			S3						S1								
										S1							
											S1						
				S3								S1					
													S1				
														S1			
					S3										S1		
																S1	
																	S1
						S3										S2	
															S2		
														S2			
							S3						S2				
												S2					
											S2						
								S3		S2							
									S2								
							S1			S1							
						S1					S1						
					S1		S3			S3		S1					
				S1									S1				
			S1											S1			
		S1				S3					S3				S1		
	S1															S1	
S1																	S1
	S2				S3							S3				S2	
		S2													S2		
			S2											S2			
				S3/S2									S3/S2				
			S1		S1							S1		S1			
		S1				S1					S1				S1		
	S1		S3		S3		S1			S1		S3		S3		S1	
S1								S1	S1								S1
	S2						S2			S2						S2	
		S3/S2				S3/S2					S3/S2				S3/S2		
	S1		S1		S1		S1			S1		S1		S1		S1	
S1				S1				S1	S1				S1				S1
	S3/S2		S3/S2		S3/S2		S3/S2			S3/S2		S3/S2		S3/S2		S3/S2	
F	F	F	F	F	F	F	F	F	F	F	F	F	F	F	F	F	F

Fig. 11 Beispiel zur Synchronisation nach einem "einfachen" Verfahren

dig sind.

Liegt nun ein Zellularautomat mit $|R| = n$ vor, dann feuert der erste Automat wegen der deterministischen Arbeitsweise des Zellularautomaten und wegen des Gleichbleibens der linken Hälfte der Retina nach t_o Schritten. Zu diesem Zeitpunkt befindet sich aber der 2n-te Automat noch im Ruhezustand, da er von einem Signal des Generals frühestens nach 2n-1 Schritten erreicht werden kann. ::

Im folgenden wird zunächst eine Vorgehensweise beschrieben, mit der sich eine zeitoptimale Lösung ergibt, die jedoch nicht unabhängig von der Länge der Retina arbeitet. In dem anschließend angegebenen Algorithmus von W a k s m a n ist dieses Problem elegant gelöst (ebenso natürlich auch in den anderen Lösungen, z.B. von B a l z e r).

Zur Herleitung der Lösung sei auf Fig. 12 verwiesen. Die erste Zeichnung ist dabei eine schematische Darstellung des in 3.2.1 skizzierten Algorithmus von B a l z e r .

Ähnlich beginnt der Algorithmus nach W a k s m a n . Beim Eintreffen des Signals S1 im rechten Endautomaten wird jedoch zusätzlich ein Signal S3' erzeugt. Der auf die bekannte Art gefundene Mittelautomat sendet nach links und rechts je ein Signal S1 und S3 aus. Das rechtswandernde Signal S1 bestimmt zusammen mit S3' den rechten Viertelpunkt der Retina. Dazu muß S1 auf dem Weg zum Viertelpunkt n/4 Automaten durchlaufen. (Ebensowenig wie wir berücksichtigen, ob die Mitte durch einen Automaten oder durch zwei Automaten repräsentiert wird, halten wir uns hier mit Diskussionen über die genauen (ganzzahligen) Werte auf.)

Man sieht, daß der rechte Viertelpunkt mit dem gleichen Mechanismus wie bei B a l z e r gefunden wird. Nur wird der Prozeß früher gestartet und zwar diesmal am rechten Ende der rechten Hälfte der Retina. Die Fortführung dieses Prozesses bestimmt den linken Achtelpunkt der rechten Retinahälfte nach weiteren n/8 Zeiteinheiten.

Führt man ohne Berücksichtigung der Diskretisierung die Summation über diese Zeitintervalle für eine Retina aus n Automaten aus, so ergibt sich eine Lösungszeit von 2n Zeiteinheiten:

$$3n/2 + n/4 + n/8 + \ldots = 2n.$$

Da der General mitgezählt wurde, müssen nur n-1 Automaten durchlaufen werden. Damit erhält man die optimale Lösungszeit von 2n-2 Zeiteinheiten.

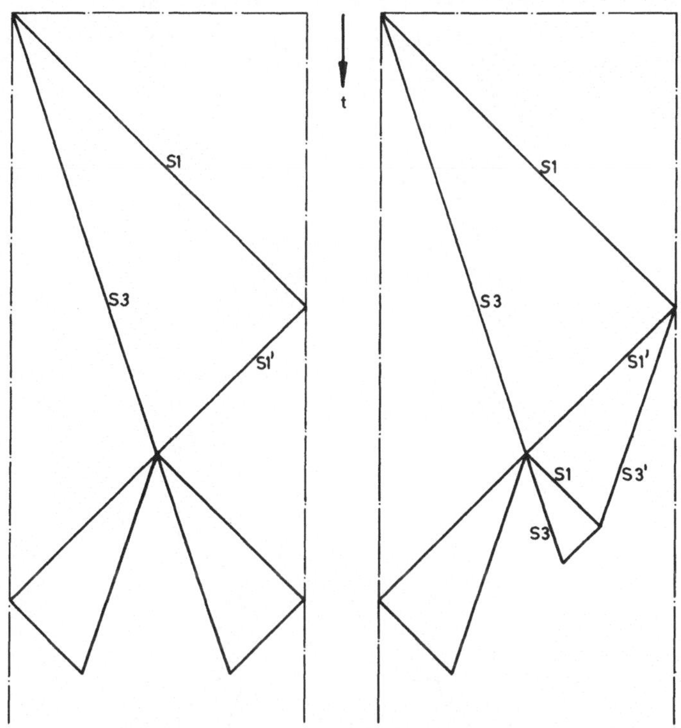

Fig. 12 Schemata des Lösungsverfahrens von B a l z e r und der möglichen Beschleunigung

In der Zeit $3n/2 + n/4 + n/8$ liefert der angegebene Algorithmus jedoch nur den rechten Viertelpunkt und einen inneren Achtelpunkt. Den linken Viertelpunkt erhält man durch folgende Änderung: Zusätzlich zu den Signalen S1 und S3 erzeugt der General ein Signal S7 (siehe Fig. 13). Jetzt findet man gleichzeitig beide Viertelpunkte. Verhalten sich die Automaten an diesen Punkten wie bisher bei der Markierung, so erhält man in der gewünschten Zeit die inneren Achtelpunkte, nicht jedoch die äußeren (gestrichelte Linien). Analoges gilt bei der Fortsetzung einer derartigen Synchronisierung für alle gesuchten Teilungspunkte "innerhalb" und "außerhalb" der Viertelpunkte. Es tritt also das gleiche Problem wie bei der Suche nach dem linken Viertelpunkt auf.

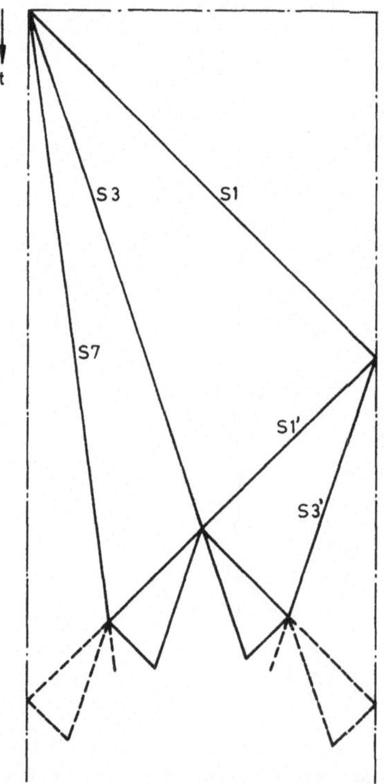

Fig. 13 Beschleunigung der Synchronisation

Man löst es analog durch das Einführen weiterer Wellen: Mit Wellen der Geschwindigkeiten

$$\frac{1}{2^k - 1} \quad , \quad k = 1, 2, \ldots$$

bestimmt der General alle linken $(1/2^k)$-tel Punkte in der angestrebten Zeit. Das Eintreffen von S1 im rechten Endautomaten bewirkt die Erzeugung eines analogen Wellenbüschels am rechten Ende und sichert damit die gewünschte Teilung in der rechten Hälfte der Retina. Genügend solcher sog. Markierungssignale synchronisieren die Automatenkette in Minimalzeit. Die Anzahl der Signale hängt jedoch von der Länge des Feldes ab. Da sich die Zustandszahl aus der Anzahl der Wellen ergibt, besteht ein Zusammenhang zwischen der Zustandszahl des Automaten und der Länge der Retina. Damit ist das gegebene Problem so nicht gelöst.

Die Unabhängigkeit dieser Größen sichert ein Algorithmus, den W a k s m a n 1966 ([Wak]) publizierte; die Überführungsfunktion wurde von S z w e r i n s k i ([Sz1]) modifiziert, so daß sie u.a. auch richtige Ergebnisse liefert, wenn der General am rechten Rand der Retina steht.

Algorithmus 3.2: Zunächst wird die Überführungstafel explizit angegeben, woraufhin eine verbale Beschreibung des Ablaufs erfolgt.

Die Automaten besitzen 16 Zustände, die grob wie folgt charakterisiert werden können:

ZO	Ruhezustand
F	Feuerzustand
GO	"Vorfeuer"-Zustand; erzeugt den Zustand AOjk
G1	"Vorfeuer"-Zustand; erzeugt den Zustand A1jk
RO	mit Geschwindigkeit 1 linkswandernd; veranlaßt die Signale B um einen Automaten weiterzugehen
R1	analog zu RO , jedoch rechtswandernd
BO	Markierungssignal, das G erzeugt und R "durchläßt"
B1	Markierungssignal, das G erzeugt und R "stoppt"
Aijk	mit i, j, k ε {O, 1} ; die Indizes werden, als Dualzahlen interpretiert, dezimal angegeben, d.h. AO - A7

Bedeutung der Indizes:

i steuert die Erzeugung der R-Signale

j = O	linkswandernd	j = 1	rechtswandernd
k = O	gerade	k = 1	ungerade

In der folgenden Tabelle wird anstelle von # X geschrieben.
- bezeichnet einen beliebigen Zustand. Die Spaltenanordnung entspricht dem Nachbarschaftsindex (O, -1, 1) , d.h. in der ersten

Spalte sind die aktuellen Zustände, in der zweiten die der linken Nachbarn, in der dritten die der rechten Nachbarn und in der vierten die jeweils nächsten Zustände enthalten. Für jeden Zustand ist die Tabelle in der angegebenen Reihenfolge zu durchsuchen. Für nicht aufgelistete Konfigurationen ändert sich der Zustand nicht.

```
Z0      Z0  A0  :  A1
Z0      Z0  A1  :  A0
Z0      Z0  A4  :  A5
Z0      Z0  A5  :  A4
Z0      Z0  A2  :  R0
Z0      B0  A0  :  A1
Z0      B0  A5  :  A4
Z0      B0  A2  :  R0
Z0      B1  A1  :  A0
Z0      B1  A4  :  A5
Z0      R0  A0  :  A1
Z0       X  A0  :  G0
Z0      R0  A1  :  A0
Z0       X  A1  :  G1
Z0      R0  A4  :  A5
Z0      A0  Z0  :  R1
Z0      A2  Z0  :  A3
Z0      A3  Z0  :  A2
Z0      A6  Z0  :  A7
Z0      A7  Z0  :  A6
Z0      A0  B0  :  R1
Z0      A2  B0  :  A3
Z0      A3  B1  :  A2
Z0      A6  B1  :  A7
Z0      A7  B0  :  A6
Z0      Z0  R0  :  R0
Z0      A1  R1  :  Z0
Z0      A2  R1  :  A3
Z0      A3  R1  :  A2
Z0      Z0  G0  :  A0
Z0       X  G0  :  G0
Z0      Z0  G1  :  A4
Z0      A2   X  :  G0
Z0      A3   X  :  G1
Z0      R1  Z0  :  R1
Z0      G0  Z0  :  A2
Z0      G1  Z0  :  A6
Z0      R1  B0  :  R1
Z0      R1  B1  :  R1
Z0      G0  B1  :  A2
Z0      G1  B0  :  A6
Z0      B0  R0  :  R0
Z0      B1  R0  :  R0
Z0      G0  R1  :  A2
Z0      B1  G0  :  A0
Z0      R0  G0  :  A0
Z0      B0  G1  :  A4
Z0      G0   X  :  G0
```

B0	G0	G0	:	G0
B0	G0	G1	:	G0
B0	G1	G0	:	G0
B0	A6	G0	:	G1
B0	A6	G1	:	G1
R0	B0	–	:	B1
R0	B1	–	:	B0
R0	G0	–	:	B0
R0	G1	–	:	B0
R0	–	–	:	Z0
R1	–	B0	:	B1
R1	–	B1	:	B0
R1	–	G0	:	B0
R1	–	G1	:	B0
R1	–	–	:	Z0
G1	G0	G0	:	F
G1	G0	G1	:	F
G1	G1	G0	:	F
G1	G1	G1	:	F
G1	X	G0	:	F
G1	X	G1	:	F
G1	G0	X	:	F
G1	G1	X	:	F
G0	G0	G0	:	F
G0	G0	G1	:	F
G0	G1	G0	:	F
G0	G1	G1	:	F
G0	X	G0	:	F
G0	X	G1	:	F
G0	G0	X	:	F
G0	G1	X	:	F
B0	R1	G0	:	R1
B0	R1	G1	:	R1
B0	–	G0	:	B0
B0	–	G1	:	B0
B0	G0	A4	:	G1
B0	G1	A4	:	G1
B0	–	A4	:	G1
B0	–	A1	:	G1
B0	G0	R0	:	R0
B0	–	R0	:	R0
B0	A6	–	:	G1
B0	A3	–	:	G1
B0	R1	–	:	R1
B1	–	A0	:	G0
B1	–	A5	:	G0
B1	–	R0	:	Z0
B1	A2	–	:	G0
B1	A7	–	:	G0
B1	R1	–	:	Z0
A0	–	G0	:	B0
A0	–	–	:	Z0
A1	–	–	:	Z0
A2	G0	–	:	B0
A2	–	–	:	Z0
A3	–	–	:	Z0
A4	B0	–	:	G1
A4	–	–	:	R1

```
A5   B1  -   :  G0
A5   -   -   :  Z0
A6   -   B0  :  G1
A6   -   -   :  R0
A7   -   B1  :  G0
A7   -   -   :  Z0
```

Jedes wandernde Aijk-Signal nimmt abwechselnd die Bezeichnung "gerade" oder "ungerade" an. Die Zählung beginnt beim jeweiligen Erzeuger mit O. Das Bit k liefert deshalb die Information, ob die durchlaufene (Teil-)Kette aus einer geraden oder ungeraden Anzahl von Automaten bestand. Jeder Automat, der sich in einem geraden Aijk-Zustand befindet, erzeugt ein R-Signal, das sich mit Einheitsgeschwindigkeit in die entgegengesetzte Richtung des Aijk-Signals bewegt. Läuft Aijk nach rechts (j=1), wird RO erzeugt, im anderen Fall R1 . S1 und S1' sind als Aijk-Signale realisiert. Damit erzeugt S1 in jeder zweiten Zeiteinheit ein R-Signal, das zum General wandert. Zwischen zwei Durchläufen von R-Signalen durch einen Automaten liegen drei Zeiteinheiten (falls die R-Signale "durchkommen; siehe unten). Trifft ein R-Signal auf einen Bereitzustand (GO oder G1), so wird ein BO-Signal erzeugt. Analoges findet am anderen Endautomaten, verursacht durch S1' , nach der Ankunft von S1 statt.

Die B-Signale wandern beim Zusammentreffen mit einer R-Welle um einen Automaten entgegengesetzt zu R weiter, also in die gleiche Richtung wie das R-erzeugende Aijk-Signal. Bei jeder Bewegung geht BO über in B1 und umgekehrt. Das erste R-Signal erzeugt also rechts vom General den Zustand BO , der durch die nachfolgenden R-Wellen mit der Geschwindigkeit 1/3 weitergeschoben wird. B1 löscht die R-Signale. Damit überschreitet nur jedes zweite R-Signal eine B-Welle. Nach dem Durchgang der R-Signale durch das erste B-Signal liegen die R-Signale also um jeweils sieben Zeiteinheiten auseinander. Dieser Abstand ergibt sich durch das Löschen eines jeden zweiten R-Signals. Nach dem Durchgang durch die zweite B-Welle beträgt die Zeitdifferenz zwischen den R-Signalen 15 Zeiteinheiten. Da die den General erreichenden R-Signale jeweils den Zustand BO erzeugen, wirkt dieser als Quelle eines Systems von B-Signalen mit folgenden Geschwindigkeiten:

B-Signal Nr.	Verzögerung [Zeiteinheiten/Automat]	Geschwindigkeit
1	3	1/3
2	$2(2^2-1)+1$	1/7
3	$2(2^3-1)+1$	1/15
.	.	.
.	.	.
.	.	.
i	$2(2^i-1)+1$	$1/(2^{i+1}-1)$
.	.	.
.	.	.
.	.	.

Dieses System erfüllt die an die Markierungssignale gestellten Bedingungen. Somit werden von beiden Endautomaten genügend viele Markierungssignale mit stets der richtigen Geschwindigkeit für jede beliebige Länge der Retina erzeugt (siehe auch Fig. 14).

Treffen sich ein Aijk- und ein B-Signal, so werden gemäß der Information, die im Aijk-Signal steckt, ein oder zwei Automaten markiert. Die neu markierten Automaten senden jeweils ein Aijk-Signal nach beiden Seiten und erzeugen damit entsprechend obigem Mechanismus ein System von B-Signalen. Werden zwei benachbarte Automaten markiert, so müssen die zu erzeugenden B-Signale um eine Zeiteinheit verzögert werden. Dies erreicht man, indem man das Bit i der neuen Aijk-Signale auf 1 setzt. Dadurch wird die Erzeugung der R-Signale um eine Zeiteinheit verzögert und so auch die Weiterbewegung der B-Signale.

Entscheidend bei dieser Lösung ist die Tatsache, daß die Geschwindigkeit der B-Signale nicht durch Zählen in den Automaten gesteuert wird - was ja wegen der von der Länge der Kette unabhängigen Zustandszahl auch nicht möglich wäre -, sondern durch Triggern mit anderen Signalen. Dabei ist außerdem das jeweilige Wechseln B0 - B1 bzw. B1 - B0 und die Wirkung von B0 und B1 auf R-Signale besonders hervorzuheben. ::

In Fig. 15 wird die Wirkungsweise des beschriebenen Algorithmus am Beispiel einer Kette von Automaten der Länge 13 demonstriert.

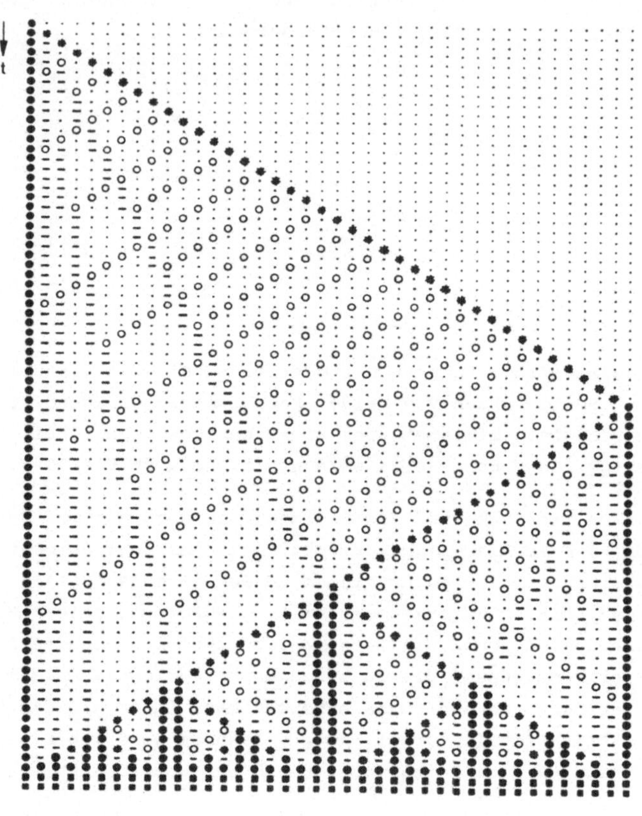

• Zustand G
o Zustand R
• Zustand A
▪ Zustand F
- Zustand B
· Zustand Z0

Fig. 14 Schema zum Ablauf einer zeitoptimalen Synchronisation (nach W a k s m a n [Wak])

t													
0	G0	Z0	Z0	Z0	Z0	Z0	Z0	Z0	Z0	Z0	Z0	Z0	Z0
1	G0	A2	Z0	Z0	Z0	Z0	Z0	Z0	Z0	Z0	Z0	Z0	Z0
2	G0	B0	A3	Z0	Z0	Z0	Z0	Z0	Z0	Z0	Z0	Z0	Z0
3	G0	B0	Z0	A2	Z0	Z0	Z0	Z0	Z0	Z0	Z0	Z0	Z0
4	G0	B0	R0	Z0	A3	Z0	Z0	Z0	Z0	Z0	Z0	Z0	Z0
5	G0	R0	B1	Z0	Z0	A2	Z0	Z0	Z0	Z0	Z0	Z0	Z0
6	G0	B0	B1	Z0	R0	Z0	A3	Z0	Z0	Z0	Z0	Z0	Z0
7	G0	B0	B1	R0	Z0	Z0	Z0	A2	Z0	Z0	Z0	Z0	Z0
8	G0	B0	Z0	B0	Z0	Z0	R0	Z0	A3	Z0	Z0	Z0	Z0
9	G0	B0	Z0	B0	Z0	R0	Z0	Z0	Z0	A2	Z0	Z0	Z0
10	G0	B0	Z0	B0	R0	Z0	Z0	Z0	R0	Z0	A3	Z0	Z0
11	G0	B0	Z0	R0	B1	Z0	Z0	R0	Z0	Z0	Z0	A2	Z0
12	G0	B0	R0	Z0	B1	Z0	R0	Z0	Z0	Z0	R0	Z0	G0
13	G0	R0	B1	Z0	B1	R0	Z0	Z0	Z0	R0	Z0	A0	G0
14	G0	B0	B1	Z0	Z0	B0	Z0	Z0	R0	Z0	A1	B0	G0
15	G0	B0	B1	Z0	Z0	B0	Z0	R0	Z0	A0	Z0	B0	G0
16	G0	B0	B1	Z0	Z0	B0	R0	Z0	A1	Z0	R1	B0	G0
17	G0	B0	B1	Z0	Z0	R0	B1	A0	Z0	Z0	B1	R1	G0
18	G0	B0	B1	Z0	R0	Z0	G0	Z0	R1	Z0	B1	B0	G0
19	G0	B0	B1	R0	Z0	A0	G0	A2	Z0	R1	B1	B0	G0
20	G0	B0	Z0	B0	A1	B0	G0	B0	A3	B0	Z0	B0	G0
21	G0	B0	Z0	G1	Z0	B0	G0	B0	Z0	G1	Z0	B0	G0
22	G0	B0	A4	G1	A6	B0	G0	B0	A4	G1	A6	B0	G0
23	G0	G1	G1	G1	G1	G1	G0	G1	G1	G1	G1	G1	G0
24	F	F	F	F	F	F	F	F	F	F	F	F	F

Fig. 15 Beispiel einer zeitoptimalen FSSP-Lösung

Wir wollen noch eine Bemerkung über Beweise für vorgeschlagene Algorithmen machen:
Wie Balzer [Bal] schreibt, können solche Beweise nicht kurz sein, da mindestens einmal -explizit oder implizit- auf jede Zeile der Überführungsfunktion Bezug genommen werden muß. Andernfalls könnte diese Zeile abgeändert werden, was i. allg. auch eine Änderung des Zellularautomaten bewirken würde, ohne daß sich der Beweis änderte.

Wir wollen nochmals kurz auf asynchrone Zellularautomaten eingehen. In [LMS] werden eindimensionale verzögerungsbeschränkte asynchrone Zellularautomaten behandelt: Sie sind asynchron in der oben skizzierten Weise, zusätzlich wird aber gefordert, daß jeder Einzelautomat innerhalb einer vorgegebenen Zeit Δ (gemessen in der Anzahl von Schritten, die aber nicht "äquidistant" zu erfolgen brauchen) mindestens einen Übergang (in einen <u>anderen</u> Zustand) vornehmen muß. Der Zustandswechsel kann nach jeweils unterschiedlichen Zeiten für die einzelnen Automaten erfolgen und überdies zeitvariabel sein, muß aber jeweils der o.a. Nebenbedingung ($\leq \Delta$) genügen. Wenn man von solchen Zellularautomaten auch nicht erwarten wird, daß sie in der üblichen Weise synchronisierbar sind, so scheint doch ein Feuern aller Automaten in einem Intervall der Länge Δ eine vernünftige Forderung. Lipton et al. zeigen aber, daß dies unter der skizzierten Bedingung nicht erreichbar ist, auch dann nicht, wenn ein H_k-Raster mit $k > 1$ verwandt wird. Dies läßt sich anschaulich dadurch erklären, daß z.B. nach dem Finden der Mitte die in der linken Hälfte des Zellularautomaten befindlichen Automaten mit der "größten Geschwindigkeit" und die in der rechten Hälfte mit der geringsten erlaubten Geschwindigkeit arbeiten (z.B. in der oben beschriebenen Weise des fortgesetzten Halbierens).

Es sei noch angemerkt, daß in solchen asynchronen Zellularautomaten das Finden der Mitte durchaus realisierbar ist, wenn auch im allgemeinen nicht nach dem obigen Wellenverfahren: Von einem Randautomaten ausgehend werden die Einzelautomaten abwechselnd mit z.B. l und r beschrieben. Danach beginnt ein Sortierverfahren, das l's nach links und r's nach rechts befördert. Gleichzeitig starten in den linken und rechten Randautomaten zwei Wellen, die aber nur dann weiterlaufen,wenn sie 1's bzw. r's antreffen. Der Treffpunkt dieser beiden Wellen markiert die Mitte der Retina. Ein anderer Algorithmus könnte von der in [Vo3] beschriebenen Zählmethode Gebrauch machen.

3.2.3 Der General an beliebiger Stelle in der Retina

Sei ein Zellularautomat mit $|R| = n$ gegeben, und sei k die Anzahl der Automaten (bis zum General, aber ohne diesen) auf der Seite des Generals, auf der der Abstand des Endautomaten vom General am kürzesten ist. $k = 0$ z.B. besagt, daß der General an einem Ende liegt. Für k gilt stets $0 \leq k \leq [(n+1)/2] - 1$. M o o r e und L a n g d o n [MoL] zeigten:

Proposition 3.2: Der Zellularautomat kann frühestens zum Zeitpunkt $2n - 2 - k$ feuern.

Der Beweis wird analog wie der Beweis über die minimale Zeit für das ursprüngliche Problem geführt.

Der Synchronisationsalgorithmus von M o o r e und L a n g d o n beruht auf dem von W a k s m a n : Sie rekonstruieren die Markierungssignale in der Hälfte der Kette, in der der General liegt. In Fig. 16 ist die Lösung mit dem General am Kettenende ab dem Zeitpunkt $t = -k$ gestrichelt eingezeichnet.

Der General sendet nach beiden Seiten Signale mit Einheitsgeschwindigkeit aus, die die Markierungssignale mit den Geschwindigkeiten $1/(2^k-1)$, $k = 1, 2, \ldots$, gemäß dem Verfahren von W a k s m a n (R-Signale), erzeugen. Das Markierungssignal der Geschwindigkeit 1 von dem Endautomaten, der näher beim General liegt, trifft als erstes Signal auf die Position des Generals (Punkt A von Fig. 16) und bestimmt somit den dem General am nächsten liegenden Endautomaten. In diesem Punkt wird die Geschwindigkeit des Signals von 1 auf 1/3 reduziert. Analog müssen alle weiteren Signale mit den Geschwindigkeiten $1/(2^k-1)$, $k = 2, 3, \ldots$, auf dieser Seite der Kette auf der gedachten Linie AB ("Geschwindigkeit 1") auf $1/(2^{k+1}-1)$ verlangsamt werden. Dies erreicht man folgendermaßen: Die Welle der Geschwindigkeit 1 , die alle zwei Zeiteinheiten die Signale erzeugt, die die Markierungssignale weiterbewegen, wird im

Punkt A nicht verlangsamt, sondern läuft ungestört weiter und wird von der ersten Welle des gegenüberliegenden Endautomaten gelöscht. Zusätzlich wird im Punkt A eine Welle der Geschwindigkeit 1/3 erzeugt, die den Mittelpunkt festlegt, also die Funktion der ersten zu verlangsamenden Welle erfüllt. Da dieses Signal nur jedes zweite Signal durchläßt, das die Markierungssignale weiterbewegen soll, werden dadurch automatisch alle Markierungssignale in der gewünschten Weise verlangsamt.

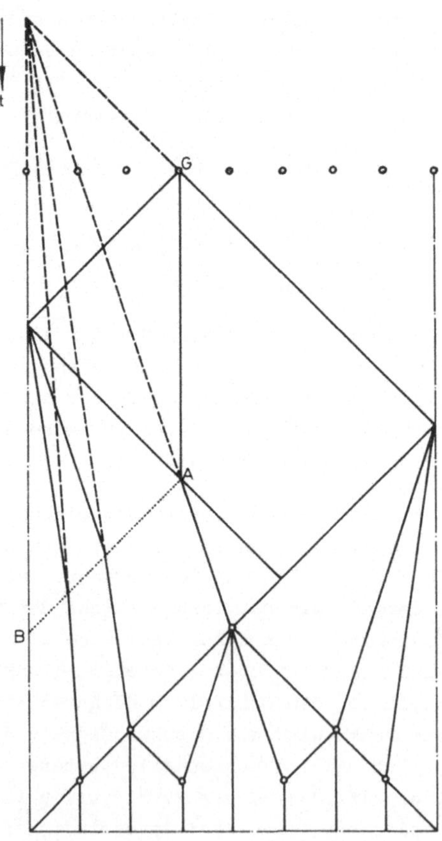

Fig. 16 Skizze zur Vorgehensweise bei der Lösung des FSSP mit General an beliebiger Stelle (n = 9 und k = 3)

Nach dem Zeitpunkt B stimmt die Lösung mit der von W a k s - m a n überein. Gegenüber der Lösung des ursprünglichen Problems spart man die Zeit, die das Signal S1 für den Weg vom näheren Endautomaten zur Position des Generals innerhalb der Kette benötigt, also k Zeiteinheiten.

Die angegebene Lösung realisierten M o o r e und L a n g d o n mit 17 Zuständen. Es sei darauf hingewiesen, daß die in ihrer Arbeit enthaltenen Überführungstafeln nicht vollständig korrekt sind, sich aber der oben beschriebenen Vorgehensweise folgend, korrigieren lassen ([Vo3]). Im Anhang finden sich die entsprechende Überführungstafel und zwei Beispiele zur Synchronisation.

3.2.4 Synchronisierung bei rechteckigen Retinas

Sei eine $m \times n$ - Retina in einer matrixförmigen Anordnung (mit m Zeilen und n Spalten) mit $H_1^{(2)}$- Raster und dem General in (1,1) gegeben. Die Forderungen a), b), c) aus 3.2.0 sind sinngemäß zu übertragen.

S h i n a h r [Shi] zeigt dann:

Proposition 3.3: Für die zur Synchronisation einer $m \times n$ - Retina benötigte Zeit t_o gilt:

$$t_o \geq m + n + \max(m,n) - 3$$

Beweis: Im Gegensatz zur Behauptung nehmen wir an, daß eine $m_o \times n_o$-Retina existiere, so daß alle Automaten zu einer Zeit t_o' mit

$$t_o' < m_o + n_o + \max(m_o,n_o) - 3$$

den Feuerzustand annehmen.

Ohne Beschränkung der Allgemeinheit können wir $n_o \geq m_o$ voraussetzen. Wegen $t_o' < 2n_o + m_o - 3$ kann der (linke untere) Automat $(m_o, 1)$ noch kein Signal, das durch den General initiiert wurde, von einem Automaten der rechten Spalte n_o empfangen haben: Ein Signal benötigt für den Weg vom Automaten (1,1) zum Automaten (i,n_o) mindestens $n_o - 1 + i - 1$ Zeiteinheiten. Dazu addieren sich für die Strecke von (i,n_o) nach $(m_o,1)$ wenigstens $m_o + n_o - i - 1$ weitere Zeiteinheiten. Die Summe beträgt m_o+2n_o-3 Zeiteinheiten. Der Automat $(m_o,1)$ hat also unbeeinflußt von irgendeinem Automaten aus der rechten Spalte gefeuert. Vergrößert man das Feld an der rechten Seite um $n_o \cdot m_o$ gleiche Automaten, die in n_o Spalten angeordnet liegen, so feuert der Automat $(m_o, 1)$ ebenfalls zur Zeit t_o', da die Überführungsfunktion deterministisch ist und sich nichts an der Automatenkonstruktion und den Automaten, die den Automaten $(m_o, 1)$ in der angegebenen Zeit beeinflussen, geändert hat. Das neue Feld besteht aus $2n_o \cdot m_o$ Automaten. Wegen $t_o' < 2n_o + m_o - 3$ kann aber noch kein Signal des Generals zur Zeit t_o' den rechten unteren Automaten $(m_o, 2n_o)$ erreicht haben, d.h. er befindet sich noch im Ruhezustand. ::

S h i n a h r [Shi] gibt einen Algorithmus an, der die Lösung in dieser minimalen Zeit liefert:

Algorithmus 3.3: Die Lösung beruht auf dem in 3.3 skizzierten Algorithmus von M o o r e und L a n g d o n zur Synchronisation von Ketten, bei denen der General eine beliebige Stelle in der Kette annehmen darf.

General ist der Automat (1, 1). Er initiiert die Synchronisierung in der ersten Spalte und der ersten Reihe und sendet gleichzeitig ein Signal mit der Geschwindigkeit 1/3 im 45°-Winkel nach unten. Dieses Signal "befördert" die Automaten auf der Winkelhalbierenden zu Generälen, die dann ihrerseits in den Teilspalten und Teilreihen, deren obere bzw. linke Ecke sie bilden, die Synchronisierung einleiten: Der Automat (i, i), wobei $1 \leq i \leq \min(m, n)$, geht zum Zeitpunkt $t_i = 3(i - 1)$ in den Synchronisationsstartzustand über. Der Automat (i, i), die Automaten oberhalb von (i, i) und die Automaten rechts von (i, i) bilden eine Kette der Länge $n_i = (n - i) + (m - i) + 1$. $k_i = \min((n - i), (m - i))$ ist der minimale Abstand vom General zu einem der beiden Enden der entsprechenden Kette.

Für jedes i, wobei $1 \leq i \leq \min(m, n)$ erreichen die Automaten (i, j) mit $i \leq j \leq n$ und die Automaten (j, i) mit $i \leq j \leq m$ den Feuerzustand nach

$$\begin{aligned} t &= t_i + 2n_i - 2 - k_i \\ &= 3(i - 1) + 2(n - i + m - i + 1) - 2 - \min((n - i), (m - i)) \\ &= m + n + \max(m, n) - 3 \end{aligned}$$

Zeiteinheiten. ::

Für $m = n$ ergäbe sich mit obigem Algorithmus eine Synchronisationszeit von $3n - 3$. Dieser Spezialfall der Synchronisierung eines quadratischen Feldes -für den natürlich die Aussage von Proposition 3.3 nicht anwendbar ist- kann sogar in $2n - 2$ Zeiteinheiten gelöst werden: Man unterteilt das Feld wieder wie oben. Die Automaten auf der Diagonalen werden von einem Signal der Geschwindigkeit $1/2$ in Generäle umgewandelt. Jeder General (i, i) startet wie oben die Synchronisierung. Analog zu obiger Rechnung ergibt sich für die Synchronisationszeit der i-ten Ketten, wenn man beachtet, daß der jeweilige General von seinem Wissen um seine Mittelstellung Gebrauch macht

$$2i - 2 + 2(n - i + 1) - 2 = 2n - 2 .$$

Dies ist die Minimalzeit für die Lösung des quadratischen FSSP: So lange benötigt bei Vorliegen eines $H_1^{(2)}$-Rasters ein Signal mindestens um vom General $(1, 1)$ den Automaten (n, n) zu erreichen.

S z w e r i n s k i [Sz3] gibt eine zeitoptimale Lösung für die Synchronisation endlichdimensionaler Quader mit dem General an beliebiger Stelle an.

Sie sei ganz kurz für den zweidimensionalen Fall skizziert: Es sei wieder eine $m \times n$ - Retina in matrixförmiger Anordnung mit H_1-Raster und dem General an der Stelle (i, k) (im linken oberen Viertel) gegeben. (Der einfacheren Beschreibung wegen sei angenommen, die Zeilenzahl m sei kleiner als die Spaltenzahl n.)

Auf der Basis des Algorithmus von M o o r e und L a n g d o n werden zunächst die mittlere Spalte und die mittlere Zeile ausgezeichnet und simultan damit symmetrisch zur Mittelzeile Markierungen in den Zeilen $m/4$ und $3m/4$, $m/8$ und $7m/8$, usw. angebracht. Die Mittelzeile beginnt schließlich (nach einer erfolgten Vorsynchronisierung nach $m/2 - i + 1 + 2n - k - 1$ Schritten) (synchron) mit der endgültigen Synchronisation, die spaltenweise vorgenommen wird, aber unter Benutzung der gesetzten Vorinformation nur noch $m/2$ Schritte benötigt.

Die Synchronisationszeit ergibt sich für eine $m \times n$ - Retina und dem General in (i, k) als

$$m + n + \max(m, n) - 3 - (i - 1) - (k - 1) .$$

3.2.5 Synchronisation von Teilen von Zellularräumen

Bisher betrachteten wir zellulare Automaten mit einfachen Retinas. Hier werden zweidimensionale Zellularräume behandelt, die nicht von vornherein in der gleichen Weise beschränkt sind, wenngleich wir es ebenfalls wieder nur mit endlichen Konfigurationen zu tun haben werden. Eine Anfangskonfiguration mit endlichem Träger -die unten näher beschrieben wird- enthält einen Automaten, der die Rolle des Generals übernimmt. Die Automaten des Trägers sollen dann synchronisiert werden.

Noch einiges Vorläufige zur Sprechweise -wir werden später den Begriff des Musters noch einmal genau definieren-: Seien g und z^o Zustände des Zellularraumes. Sind in der Anfangskonfiguration alle Automaten, die diese Zustände angenommen haben, im Sinne des $M_1^{(2)}$ Rasters benachbart, so sagen wir, es liege ein zusammenhängendes Muster P vor. Ist z_o der Ruhezustand, so soll für die Überführungsfunktion folgendes gelten:

$$c_{t+1}(\underline{i}) = c_t(\underline{i}) \text{ , falls } c^n(\nu_N(\underline{i})) \in \{z_o, z^o\}^n$$

Dieses Abgehen von einer von vornherein festen Retina wird notwendig, weil in dem unten zu beschreibenden Algorithmus von N g u y e n et al. während des Synchronisationsvorganges auch außerhalb von P gelegene Automaten aktiviert werden müssen. Das Muster muß also in anderer Weise -hier durch g und z^o - festgelegt werden.

Im Gegensatz zu dem Algorithmus von N g u y e n et al. werden in Synchronisationsalgorithmen von R o s e n s t i e h l et al. [RFH] und K o b a y a s h i [Ko1], [Ko2], die mit einer eleganten Modifikation von Labyrinthalgorithmen arbeiten, keine nicht zum ursprünglichen Muster gehörenden Automaten aktiviert. Die Synchronisationszeiten hängen von der Anzahl der Automaten des Musters ab, während im ersten Fall diese Zeit proportional zum Durchmesser des minimalen, das Muster enthaltenden Quadrates ist.

Der folgende Algorithmus ist so konstruiert, daß zum Synchronisationszeitpunkt die Automaten, die nicht zu P gehören, wieder im Ruhezustand z_o sind. Zur Lösung wird ein kleinstes Quadrat konstruiert, in dessen Mittelpunkt sich der General befindet und das das Muster P vollständig im Innern enthält.

In linearer Zeit wird dieses kleinste Quadrat im Zellularraum errichtet. Im Innern dieses Quadrates werden dann zeilenweise eindimensionale Synchronisierungsprozesse gestartet, die ebenfalls in einer Zeit ablaufen, die linear von der Seitenlänge des Quadrates abhängt.

Der folgende Algorithmus arbeitet i. allg. nicht richtig, wenn das Muster nicht zusammenhängend ist. In diesem Fall funktioniert das Aussenden von Wellen durch den General und das Registrieren der reflektierten Wellen nicht.

Die vom General zur Errichtung des Quadrates ausgesandten Wellen erscheinen wegen der Ausbreitung nach dem $M_1^{(2)}$- Raster als konzentrische Quadrate, in deren Mittelpunkt der General liegt. Sie werden deshalb im weiteren als M-Wellen bezeichnet.

Sei v [Automaten/Zeiteinheit] die Geschwindigkeit einer Welle. Dann gibt die reziproke Geschwindigkeit $c := 1/v$ an, wieviele Zeiteinheiten die Welle in einem Automaten "stehenbleibt". $c = 1$ entspricht der maximalen Geschwindigkeit.

Mit diesen Vereinbarungen läßt sich der Algorithmus zur Errichtung des minimalen Quadrates und zur Synchronisation angeben [NgH]:

Algorithmus 3.4: 1) Zum Zeitpunkt t_o sendet der General eine M-Welle A aus, die jeweils c_A Zeiteinheiten für den Durchgang durch einen Automaten benötigt ($c_A > 1$, siehe unten). Diese Welle A hinterläßt in allen durchlaufenen Automaten je eine der Richtungsinformationen N , O , S , W , NO , SO , SW , NW , die die Himmelsrichtung angibt, in die sich die Welle A zum jeweiligen Automaten weiterbewegt hat (siehe Fig. 17). Diese Information wird erst beim Feuern bzw. bei der Rückkehr in den Ruhezustand z_o zerstört. Mit ihr finden weitere Wellen den Rückweg zum General.

Trifft die Welle A einen Automaten aus P , so wird eine Welle B zum General zurückgesandt. Die Welle B läuft schneller als A , d.h. $c_B < c_A$. Seien ohne Beschränkung der Allgemeinheit die Koordinaten des Generals (O, O). Sei $mx := \max_{\underline{y} \in P} \|\underline{y}\|$. Deshalb benötigt die Welle A $mx \cdot c_A$ Zeiteinheiten, bis sie einen der "abgelegensten" Automaten des Musters P erreicht hat, weitere $mx \cdot c_B$

Zeiteinheiten dauert es, bis die Welle B zum General zurückkehrt. Der General erwartet also Signale B zu den Zeitpunkten

$$t_o + m(c_A + c_B) \quad \text{mit} \quad m = 1, \ldots, n ,$$

wobei $n \in \mathbb{N}$ die kleinste Zahl ist, derart, daß $M_n^{(2)}$ das gesamte zusammenhängende Muster P enthält. Das Ausbleiben eines Signals B zur Zeit $t_o + (n + 1)(c_A + c_B)$ informiert den General, daß das gesamte Muster P von der Welle A durchlaufen wurde. Wegen der Forderung des Zusammenhangs des Musters kommen zu den oben angegebenen äquidistanten Zeitpunkten jeweils B-Wellen beim General an. -Es ist noch zu beachten, daß jeweils nur ein B-Signal weitergegeben werden muß.-

NW	N	N	N	NO
W	NW	N	NO	O
W	W	G	O	O
W	SW	S	SO	O
SW	S	S	S	SO

Fig. 17 Richtungsinformationen zur Vorbereitung der Synchronisation

2) Nach diesem Zeitpunkt wartet der General k_1 Zeiteinheiten und sendet dann eine M-Welle C mit $c_C < c_A$ aus, die die Welle A einholt. k_2 Zeiteinheiten nach der Erzeugung der Welle C generiert der General eine M-Welle D , die langsamer ist als C . Holt die Welle C die Welle A (außerhalb des minimalen Quadrats) ein, so stoppen beide Wellen, und es wird eine M-Welle E erzeugt, die zum General läuft. Die Automaten, in denen sich C und A treffen, kehren in den Ruhezustand z_o zurück, ebenso alle von der Welle E durchlaufenen Automaten, die ja außerhalb des minimalen Quadrates liegen. Auf ihrem Weg zum General stößt die Welle E auf D ; beide Wellen stoppen dann. Durch geeignete Wahl der Geschwindigkeitsverhältnisse der fünf Wellen und der Verzögerungen k_1 und k_2 , die aus Diskretisierungsgründen nötig sind, legt man das Zusammentreffen von D und E auf den Rand des gesuchten mi-

nimalen Quadrates, der durch $M_n \setminus M_{n-1}$ beschrieben wird.

Die Geschwindigkeiten und Verzögerungen kann man z.B. folgendermaßen wählen: $c_A = 3$, $c_B = 1$, $c_C = 1$, $c_D = 3$, $c_E = 1$, $k_1 = 2$, $k_2 = 4$.

Alle Wellen, Verzögerungen und Richtungsinformationen lassen sich mit einer endlichen Zustandszahl des Automaten darstellen.

Die folgende Fig. 18 zeigt die Synchronisierung eines Musters mit $n = 5$, $t_o = 0$ und obigen Geschwindigkeiten.

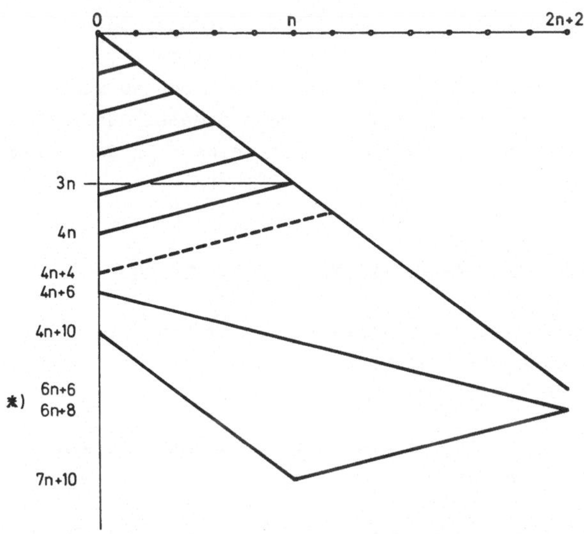

Fig. 18 Beispiel für Wellenverläufe bei einem Muster, das in M_5 enthalten ist

*) Zu beachten ist, daß zum Zeitpunkt $6n + 8$ die Automaten in $M_{2n+3} \setminus M_{2n+2}$ "sehen", daß sich A- und C-Wellen getroffen haben und deshalb ihren Zustand nicht mehr verändern.

Bei $t = 4n + 4$ vermißt der General erstmalig das Signal B . Deshalb startet er zwei Zeiteinheiten später die Welle C und bei $t = 4n + 10$ die Welle D . C holt A in den Automaten ein, die den Abstand $2n + 2$ vom General haben.

Zum Zeitpunkt $t_s = t_o + 7n + 10$ ist die Bildung des minimalen Quadrats abgeschlossen, und es wird die zeilenweise Synchronisierung von allen Automaten am linken und rechten Rand des Quadrates gleichzeitig gestartet. Die $2(n + 1)$ Synchronisierungsprozesse laufen gemäß der Lösung des FSSP bei Ketten der Länge n ab. Trennlinie zwischen den Synchronisierungsprozessen von rechts und links ist die Vertikale, die den General enthält. Sie wird durch das Zusammentreffen der ersten Synchronisierungssignale erkannt. Damit dauert die Synchronisierung des minimalen Quadrates $2n$ Zeiteinheiten. Insgesamt benötigt man zur Synchronisierung von P dann

$$9n + 10 \text{ Zeiteinheiten.}$$

Die lokal gegebene Bedingung zum Feuern muß noch so modifiziert werden, daß die Automaten innerhalb des minimalen Quadrates, die nicht zu P gehören, zum Zeitpunkt des Feuerns in den Ruhezustand z_o zurückkehren. ::

3.3 Markierung eines global festgelegten Automaten

In diesem Abschnitt wird ein Verfahren angegeben, das es gestattet, einen (global) eindeutig festgelegten Automaten in einer einfach-zusammenhängenden Retina zu identifizieren.

Sei $\mathfrak{A} = (A, 2, H_1^{(2)}, F)$ zellularer Automat mit einer einfach-zusammenhängenden Retina.

Sei $OR := \{\underline{i} \,/\, \underline{i} = (i^1, i^2) \in R \wedge (\forall \underline{j} = (j^1, j^2) \in R\colon j^1 \leq i^1)\}$ und
$Az := \{\underline{k} \,/\, \underline{k} = (k^1, k^2) \in OR \wedge (\forall \underline{l} = (l^1, l^2) \in OR\colon l^2 \leq k^2)\}$.

Az ist dann der in der obersten Reihe OR der Retina am weitesten rechts gelegene Automat.

S m i t h [Sm4] gab einen Algorithmus an, der bei homogen belegter (auch nicht-einfach-zusammenhängender) Retina, in der z.B. alle Automaten im Ruhezustand sind, diesen Automaten, der sich nicht durch lokale Bedingungen im Sinne myopischer Algorithmen definieren läßt, identifizieren soll. Soweit ich das skizzierte Verfahren verstehe, tut es dies jedoch nicht; es läßt sich aber dahingehend modifizieren, daß bei anfänglicher Auszeichnung eines beliebigen

Automaten der Retina das Gewünschte geleistet wird.

Die Motivation ergibt sich im Zusammenhang mit Erkennungsproblemen: Oft wünscht man sich, das Ergebnis eines Erkennungsvorgangs am Zustand <u>eines</u> bestimmten Automaten ablesen zu können. Wenn wir auch im folgenden meist einfache Retinas, nämlich rechteckige, benutzen, für die sich mit Hilfe der Grenzzellen sehr leicht ein bestimmter Eckautomat identifizieren läßt, ist das untenstehende Verfahren dennoch von Interesse, weil damit auch für kompliziertere Retinas der entsprechende zellulare Automat selbsttätig einen global wohldefinierten Automaten zur Aufnahme des Ergebnisses festlegen kann.

Die Aufgabe besteht nun darin, eine Klasse von zweidimensionalen zellularen Automaten $(A, 2, H_1, F)$ mit einfach-zusammenhängender Retina, in der sich zu Beginn genau ein Automat in einem speziellen Zustand, alle anderen dagegen im Ruhezustand befinden, so anzugeben, daß für den oben beschriebenen Automaten Az (der sich an der Stelle $\underline{x}$ befinde) und einen speziellen Zustand $\S \in A$ folgendes gilt:

1) $\exists t \in \mathbb{N} : c_t(\underline{x}) = \S$

2) $\forall \underline{i} \in R \setminus \{\underline{x}\} : \forall t' \in \mathbb{N} : c_{t'}(\underline{i}) \neq \S$

Im folgenden Verfahren muß u.a. überprüft werden, ob gewisse Klammerausdrücke korrekt sind. Es sei deshalb hier kurz die interessierende spezielle Dyck-Sprache beschrieben, die im Gegensatz zur üblichen Definition noch reguläre Zwischenstücke enthalten darf.

Die contextfreie Grammatik G werde folgendermaßen definiert:

$$G = (\{D, \bar{D}\} , \{ o, u, l, r \} , D, \{ D \to r\bar{D}, D \to r\bar{D}D\bar{D}, D \to o\bar{D}u, D \to D\bar{D}D\bar{D}, D \to o\bar{D}D\bar{D}u, \bar{D} \to l\bar{D}, \bar{D} \to r\bar{D}, \bar{D} \to l, \bar{D} \to r, \bar{D} \to e\})$$

Man überzeugt sich, daß L(G) die Sprache der "korrekten Klammerausdrücke" darstellt, wenn o und u als öffnende resp. schließende Klammern betrachtet werden. Die Wörter aus L(G) beginnen immer mit o oder r ; ansonsten kann an jeder beliebigen Stelle innerhalb des Klammerausdrucks ein regulärer Ausdruck über {l, r} stehen.

<u>Algorithmus 3.5</u>: Im folgenden sprechen wir von einer z-Zelle, falls der Zustand der Zelle = z ist.

1) Ist sowohl die nördliche als auch die östliche Nachbarzelle einer Zelle $\underline{i}$ aus R Grenzzelle, dann nimmt $\underline{i}$ den Zustand ® an.

2) Alle Zellen aus R , in deren M_1-Nachbarschaft mindestens eine Grenzzelle liegt, identifizieren sich selbst. (Mit dem Raster H_1 läßt sich in zwei Schritten mindestens dieselbe Information gewinnen wie mit dem M_1-Raster in einem Schritt.) Sie werden im folgenden Grenzschichtzellen genannt.

Die Zustandsmenge muß so festgelegt werden, daß eine Zelle, die sowohl zur oberen als auch zur unteren Grenzschicht gehört, die benötigten Informationen (siehe unten) speichern kann.

3) Die ausgezeichnete Zelle sendet ein Signal nach Norden, das bis zur (ersten) Grenzschichtzelle läuft; sie wird durch dieses Signal markiert und Uhrzelle genannt. Dabei wird die ausgezeichnete Zelle ebenso wie alle durchlaufenen Zellen außer der Uhrzelle in den Ruhezustand versetzt.

Die Uhrzelle schickt ein Signal durch die Grenzschicht im Uhrzeigersinn aus (d.h. so, daß Grenzzellen immer links zur Bewegungsrichtung liegen, wenn man in diese Richtung blickt). Dieses Signal übernimmt zwei Funktionen: Einmal dient es zur Zeitbestimmung, um den in 7) beschriebenen Vorgang auszulösen; dazu durchläuft es viermal die Grenzschichtzellen. Zum andern initiiert es nach und nach endliche Automaten Q -beginnend in der ersten angetroffenen ®-Zelle-, die sich "erinnern", in welcher Richtung sie sich in einem Schritt bewegt haben (von unten: u, von oben: o, von rechts: r, von links: l), und sie hinterlassen in jeder Zelle eine Angabe über die Richtung, aus der sie die Zelle betreten haben.

Markiert ein Automat Q während seines Laufes von der ®-Zelle $\underline{a}_1$ zur ®-Zelle $\underline{a}_2$ keine Zelle mit u , dann löscht er in der Zelle $\underline{a}_2$ den Zustand ® , weil dann $\underline{a}_2$ sicher "tiefer" als $\underline{a}_1$ liegt. Auf diese Weise werden alle Grenzschichtzellen mit einer Richtungsangabe versehen (siehe Fig. 19).

4) Als aufeinanderfolgendes Paar von ®-Zellen wird eine ®-Zelle und die in der Grenzschicht im Uhrzeigersinn nächstliegende ®-Zelle bezeichnet.

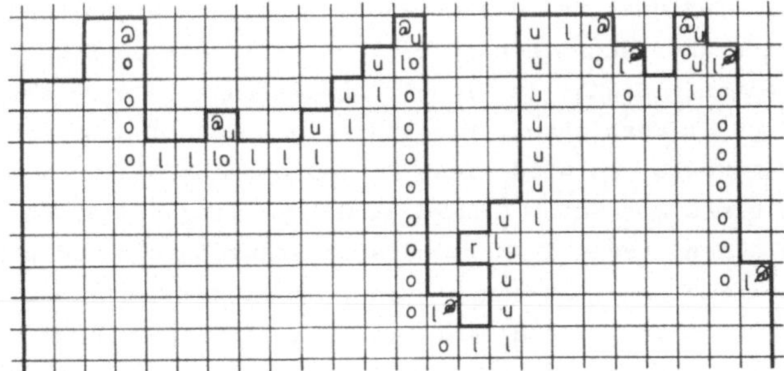

Fig. 19 Markieren der Grenzschichtzellen mit Richtungsangaben

In diesem Schritt wird der Vorgang initiiert, mit dem geprüft wird, ob ®-Zellen in der obersten Reihe der Retina liegen. Stellt nämlich die Kette aus Symbolen über { o, u, l, r } , die zwischen zwei aufeinanderfolgenden ®-Zellen liegt, ein Wort aus der oben definierten Sprache L(G) dar, so liegen die entsprechenden ®-Zellen in gleicher Höhe (nicht unbedingt in der obersten Reihe). Dieses Überprüfen muß aber zunächst einmal initiiert werden: Jedes aufeinanderfolgende Paar von ®-Zellen, das nach Schritt 3) bleibt, und die dazwischenliegenden Grenzschichtzellen können als eindimensionales Firing Squad (FS) betrachtet werden: Jedes solche Squad wird auf ein Kommando eines Generals, der durch die im Uhrzeigersinn am weitesten rechts stehende ®-Zelle (jedes Paares) gegeben ist, zum simultanen Feuern gebracht, um damit Schritt 5) zu beginnen. Gegenüber oben wird "feuern" in einem modifizierten Sinn verstanden: Zunächst einmal enthalten die Zellen i. allg. verschiedene Informationen, d.h. sie sind nicht alle im selben Zustand. "Feuern" bewirkt die synchrone Initialisierung weiterer Prozesse. Eine ®-Zelle (als General) sendet dann das Kommandosignal aus, wenn Q in 3) diese ®-Zelle -die er nicht löscht- erreicht.

5) Das Verfahren zur Bestimmung der ®-Zellen in der obersten Reihe wäre einfach, wenn die gesamte Grenzschicht simultan feuern würde. Eine Methode für diesen Fall werde zunächst geschildert: Jede o-Zelle (u-Zelle) sendet mit Einheitsgeschwindigkeit ein o-Signal (u-Signal) im Uhrzeigersinn (entgegen dem Uhrzeigersinn)

aus. Kollidiert ein o-Signal mit einem u-Signal, so wird das u-Signal in ein u'-Signal und das o-Signal in ein o'-Signal umgewandelt; beide laufen aber entsprechend weiter. Falls ein u'-Signal (o'-Signal) mit einem o-Signal (u-Signal) zusammenstößt, wird das u'-Signal (o'-Signal) vernichtet. Erreicht ein u-Signal oder ein o-Signal eine ®-Zelle, so wird diese ®-Zelle gelöscht, weil sie dann innerhalb eines korrekten Klammerausdrucks liegen muß. Übrigbleibende ®-Zellen liegen in der obersten Grenzschicht und werden dadurch identifiziert, daß ein u'- oder o'-Signal bei ihnen ankommt, aber keine u- oder o-Signale mit ihnen kollidieren.

Wie aus Fig. 20 ersichtlich ist, kann eine ®-Zelle (hier mit A bezeichnet) zunächst als "übrigbleibend" identifiziert werden, von nachfolgenden Signalen (hier o-Signalen) jedoch gelöscht werden; diese o-Signale laufen erst weiter, wenn das FS (3) gefeuert hat und ein entsprechendes E-Signal entgegen dem Uhrzeigersinn durch (1) sandte (siehe unten). Die folgende Fig. 20 enthält nur Bezeichnungen bez. ®-Zellen (und nicht bez. ©-Zellen; siehe unten).

			(2)							
u ®		u	l	l	l	l ®				
u o	l	l				o				A
u						o		u	l ®	
u						o	l	l	o	
u									o	
u									o	
u									o	
r	r	r	r	r	r	r	r	u	o	
				(3)				r	o	

Fig. 20 Zur Identifizierung von ®-Zellen in der obersten Reihe

Im allgemeinen wird jedoch nicht die gesamte Grenzschicht simultan als Ergebnis von Schritt 4) feuern: Je nach der Entfernung der aufeinanderfolgenden Paare von ®-Zellen benötigt die Synchronisation verschieden lange Zeiten. Deshalb müssen noch einige Vorkehrungen getroffen werden: Eine ®-Zelle stellt fest, ob die links und rechts von ihr stehenden Firing Squads gefeuert haben und notiert sich dies. Wenn ein Signal eine ®-Zelle trifft, die an ein FS grenzt, das nicht gefeuert hat, wird es wieder um einen Automaten zurückgeschickt, bis es von einem speziellen Signal, E-Signal genannt, wieder zum Laufen (mit Einheitsgeschwindigkeit) angeregt wird.

Trifft irgendein Signal auf ein anderes, das in Wartestellung ist, so wird es auch um einen Automaten zurückgeschickt und behält seine Stellung bis ein E-Signal ankommt.

Ein E-Signal wird von einer ®-Zelle in dem Augenblick erzeugt, in dem das FS, das nicht gefeuert hatte, zu feuern beginnt, wobei angenommen wird, daß das FS auf der anderen Seite bereits gefeuert hat. Das E-Signal läuft von dem nun feuernden FS mit Einheitsgeschwindigkeit weg und wird vernichtet, wenn es auf die erste ®-Zelle trifft. Es regt nur solche Signale zum Weiterlaufen an, die sich entgegengesetzt zu seiner Bewegungsrichtung bewegen sollen.

6) Analog zu 1) - 5) und simultan mit ihnen werden die in der untersten Grenzschicht liegenden ©-Zellen bestimmt, wobei ©-Zellen solche sind, deren westliche und südliche Nachbarn Grenzzellen sind.

7) Bezeichne σ den Umfang der Retina. Das von der Uhrzelle ausgehende Signal benötigt σ Schritte zum Versehen der Grenzschichtzellen mit Richtungsangaben. Nach weiteren $<2\sigma$ Schritten ist die Synchronisation aller Teilsquads abgeschlossen, und $\leq\sigma$ Schritte später sind die ®-Zellen in der obersten Schicht und die ©-Zellen in der untersten Schicht bestimmt.
Deshalb wird das Signal nach dem vierten Durchlaufen der Uhrzelle so modifiziert, daß es beim Erreichen der ©-Zellen (und zwar nach dem oben Gesagten,zu diesem Zeitpunkt in der untersten Schicht liegenden, wobei allerdings -abhängig von der Lage der Uhrzelle- nicht unbedingt zuerst die am weitesten rechts liegende ©-Zelle angetroffen wird) dort Q'-Signale auslöst, die entgegen dem Uhrzeigersinn in der Grenzschicht laufen. Trifft ein Q' eine andere ©-Zelle, so hält Q' an. Andernfalls ist die erste ®-Zelle, auf die Q' trifft, die gesuchte Annahmezelle; sie wird durch ein spe-

zielles Zeichen markiert. Dann läuft Q' entgegen dem Uhrzeigersinn weiter, löscht alles, auch die Uhrzelle und das von ihr ausgesandte Signal, bis er wieder zu der markierten Stelle zurückkehrt und sie in den Zustand § versetzt. ::

Bemerkungen: 1) Die Bestimmung des Automaten erfogt in einer Zeit, die linear vom Umfang der Retina abhängt.

2) M.E. krankt das Verfahren von S m i t h für den homogenen Fall daran, daß es dem zellularen Automaten nicht möglich ist, selbst zu erkennen, wann die ®-Zellen in der obersten Schicht und die ©-Zellen in der untersten Schicht endgültig bestimmt sind. Aus Fig. 20 ist ja ersichtlich, daß dies nicht von der Situation zwischen zwei aufeinanderfolgenden ®- bzw. ©-Zellen allein abhängt. In diesem Zusammenhang ist weiterhin zu bemerken, daß die Anzahl der ®-Zellen von der Anzahl der ©-Zellen unabhängig ist, wie sich aus der folgenden Fig. 21 ergibt; diese Anzahlen beeinflussen aber die Bestimmungszeit.

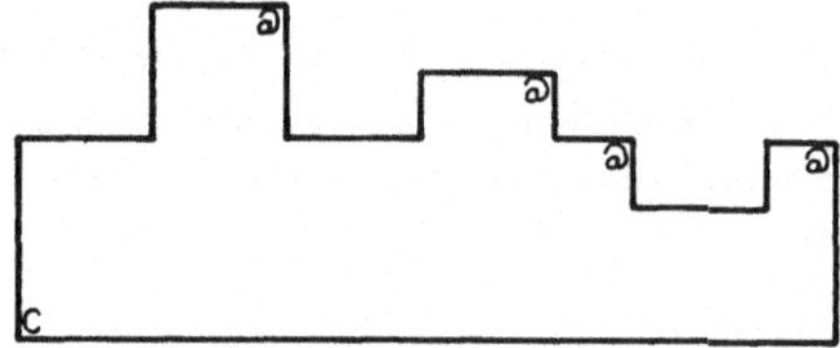

Fig. 21 Zum Verhältnis der Anzahlen von ® - und © -Zellen

3) H ö l l e r e r und S z w e r i n s k i haben das Verfahren von S m i t h für den homogenen Fall abgeändert: Sie nutzen neben den o- und u-Markierungen auch die r- und l-Markierungen aus, um die beschriebene Annahmezelle zu markieren. Dies gelingt ihnen ohne Benutzung der ©-Zellen, so daß sich das Problem, die Zeit der endgültigen Festlegung im zellularen Automaten selbst zu repräsentieren, nicht stellt.

3.4 Hinweise auf weitere Synchronisationsprobleme

Das Firing Squad Synchronization-Problem und Modifikationen davon erfreuen sich einer (nicht unmittelbar einzusehenden) großen Beliebtheit. Die Inhalte einiger weiterer Arbeiten seien noch kurz angerissen; teilweise wird über die Aufsätze ausführlicher in [Mar] referiert, woraus auch Beschreibungen zu Abschnitt 3.2 entnommen wurden.

H e r m a n [Her] behandelt das Grundproblem für zellulare Automaten mit symmetrischen Zellen, d.h. solchen, die nicht zwischen rechten und linken Nachbarn unterscheiden können. Unter Benutzung eines Konzepts der Neurophysiologie (Refraktärzeiten) gibt er eine Lösung mit zehn Zuständen an, wobei etwa $3n$ Zeiteinheiten notwendig sind. S z w e r i n s k i [Sz2] hat eine Lösung mit acht Zuständen erhalten, die $2n - 2$ Schritte benötigt.

Außer M o o r e und L a n g d o n [MoL] betrachten auch V a r s h a v s k y et al. [VMP] das FSSP mit dem General an einer beliebigen Stelle der Kette. Sie geben jeweils zeitoptimale Lösungen an. Im letztgenannten Artikel wird u.a. noch die Synchronisation eines zellularen Automaten behandelt, dessen Zellen verschieden lange Latenzzeiten haben, d.h. wo die i-te Zelle erst t_i Zeiteinheiten nach der Ankunft eines Signals zu arbeiten beginnt.

Eine weitere Modifikation wird in V o l l m a r [Vo3] behandelt: Generäle können zu einer beliebigen Zeit an einer beliebigen Stelle der Kette auftreten, vorausgesetzt, daß die entsprechenden Zellen noch im Ruhezustand sind.

Synchronisationsprobleme wurden -wie oben erwähnt- auch für zwei- und dreidimensionale zellulare Automaten untersucht. B e y e r [Bey] und S h i n a h r [Shi] geben zeitoptimale Lösungen für zellulare Automaten mit H_1-Raster und jeweils dem General in einer Ecke an:

$$n \times n : \quad 2n - 2$$

$$m \times n : \quad m + n + \max(m, n) - 3$$

$$n \times n \times n : \quad 3n - 3$$

G r a s s e l l i [Gra] betrachtet in zweidimensionalen zellularen Automaten die Klasse der sog. "information lossless" Muster.

Das sind, grob gesprochen, einfach-zusammenhängende Muster, die sich eindeutig aus sog. "cores" konstruieren lassen. Wenn alle Zellen der äußersten Schicht als Generäle wirksam werden, beträgt die Synchronisationszeit 2r - 2 Zeiteinheiten, wobei r ein modifizierter Radius des Musters ist. Liegt der General im Innern des Musters, so erhöht sich diese Zeit um den Abstand zum Rand (in einer gegebenen Richtung) und um die Zeit zum Synchronisieren der äußersten Schicht.

Für weitere Klassen miteinander verbundener Automaten, deren Strukturmerkmale (Symmetrien u.ä.) von vornherein bekannt sind, gibt R o m a n i [Rom] Synchronisationsverfahren an, die weniger zeitaufwendig sind als die für entsprechende allgemeine Klassen.

R o s e n s t i e h l et al. [RFH] und K o b a y a s h i [Ko1], [Ko2] geben, wie bereits erwähnt, Lösungen für das Problem der Synchronisation beliebiger zusammenhängender Muster in zweidimensionalen zellularen Automaten an, die die "nichtbetroffenen" Zellen nicht beeinflussen. Sie konstruieren, ausgehend vom General, einen Graphen, der die Figur vollständig ausfüllt. Wenn zwei Zellen des Musters (aus n Zellen) jeweils mit zwei Kanten verbunden werden, ergibt sich ein Pfad der Länge 2n - 2 , der alle Zellen berührt. Gleichzeitig mit der Konstruktion dieses Pfades wird ein Firing-Squad-Verfahren (für eindimensionale zellulare Automaten) angewandt; auf diese Weise beträgt die Synchronisationszeit 2n .

Ausgehend von L-Systemen wird in H e r m a n et al. [HLR] die Synchronisation eines wachsenden zellularen Automaten behandelt. (Durch Festlegen eines "genügend großen" zellularen Automaten mit einer Anfangskonfiguration, die nicht nur den General und Ruhezustände enthält, lassen sich definitorische Schwierigkeiten vermeiden.) Die Lösungsprozedur funktioniert in allen Fällen, in denen der zellulare Automat an den Enden mit einer rationalen Rate, die kleiner ist als eine Zelle pro Zeiteinheit, wächst, wobei dieses Wachstum an den beiden Enden verschieden schnell erfolgen kann. Sie beruht wieder auf einer Unterteilung in gleichlange Teile. Die genannte Wachstumsbedingung sichert die Erreichbarkeit der Enden durch vom General ausgesandte Signale.

Bei den folgenden Problemen ist die Endkonfiguration nicht homogen. Das French-Flag-Problem wurde von W o l p e r t [Wol] gestellt.

Ausgehend von einem eindimensionalen zellularen Automaten mit H_1-Raster und der gleichen Anfangskonfiguration wie beim FSSP, soll nach einer gewissen Zeit eine Dreiteilung, gekennzeichnet durch verschiedene Zustände jedes Drittels, erreicht werden. Außerdem wird verlangt, daß bei einem "Durchschneiden" des zellularen Automaten an beliebiger Stelle die entstehenden Teile nach einer gewissen Zeit entsprechende Muster aufweisen sollen.

Dieses Problem bezieht seine Motivierung aus der Biologie: Würmer können sich aus Teilen regenerieren, d.h. in jedem Teil bildet sich ein Kopf- , Mittel- und Schwanzstück aus. W o l p e r t [Wol] und A r b i b [Ar2]geben Lösungen für dieses Problem an. H e r - m a n [Her] und H e r m a n und L i u [HeL] beschreiben eine Lösung für zellulare Automaten mit symmetrischen Zellen.

Das sog. Early-Bird-Problem wurde von R o s e n s t i e h l et al. [RFH] formuliert: Jedem der n Knoten eines elementaren zyklischen Graphen wird ein Automat zugeordnet. Diese Automaten können zu verschiedenen Zeitpunkten (aus der Außenwelt) erregt werden. Die Automaten sollen so ausgelegt werden, daß der (einzige) Automat, der zuerst erregt wurde, nach einer gewissen Zeit einen speziellen Zustand annimmt, während alle übrigen Automaten dann in einen anderen Zustand übergehen. R o s e n s t i e h l et al. [RFH] geben eine Lösung, die 2n Zeiteinheiten benötigt, für das Problem an, wobei allerdings vorausgesetzt wird, daß zu einem Zeitpunkt höchstens ein Automat erregt wird. Für andere Graphen beschreiben sie ebenfalls den Lösungsweg.

In V o l l m a r [Vo5] wird die folgende Modifikation des Problems untersucht: In jedem Zeitpunkt kann eine beliebige Zahl von Zellen in einem eindimensionalen zellularen Automaten erregt werden. Eine Lösung, die proportional nlogn Zeiteinheiten benötigt, wird beschrieben.

4. Mustertransformation und Mustererkennung

In diesem Kapitel geht es im wesentlichen darum, an einigen Beispielen zu zeigen, wie in zweidimensionalen Zellularautomaten bestimmte einfache Transformations- und Erkennungsaufgaben gelöst werden können.

Zunächst wird der Begriff der Musterklasse in einer m.E. dem "Verarbeitungsgerät" angepaßten Weise definiert. Für Transformation, Annahme und Erkennung werden dann die sie realisierenden Zellularautomaten eingeführt, und es wird diskutiert, warum es sinnvoll ist, gewisse Spezialisierungen vorzunehmen.

Als Beispiele für Mustertransformationen werden u.a. Translation, Spiegelung und Rotation betrachtet. An Erkennungsaufgaben werden u.a. gewisse Anzahlvergleiche durchgeführt. Alle diese Probleme lassen sich in Zellularautomaten in linearer Abhängigkeit vom Durchmesser der Muster lösen.

4.1 Definitionen, Bezeichnungen und Zusammenhänge

Da wir es bei den beiden Problemklassen der Mustertransformation und der Mustererkennung mit den gleichen Objekten zu tun haben, wollen wir die grundlegenden Definitionen hier gemeinsam einführen.

Muster interessieren uns hier lediglich im Zusammenhang mit Zellularräumen; wir werden deshalb auch eine etwas spezielle Definition benutzen.

Definition 4.1: Seien X Alphabet, G eine Klasse von nichtleeren, endlichen Teilmengen aus $\mathbb{Z}^d$ und P rekursives Prädikat.

1) $Fig_X(G) := \bigcup_{g \varepsilon G} \{ \psi \mid \psi : g \rightarrow X\}$ wird als Menge der Figuren (über X) auf G bezeichnet.
2) $\Psi_X(G,P) := Fig_X(G) \wedge P$ heißt (formale) Musterklasse (über X) (auf G) (bez. P).
   Soll auf die Dimension d ausdrücklich hingewiesen werden, so wird die Bezeichnung $\Psi^d_X(G,P)$ benutzt.
   Falls keine Mißverständnisse zu befürchten sind, kann auf die Angabe von X und/oder P und/oder G verzichtet werden.

$\psi \in \Psi_X(G,P)$ heißt Muster (über X) (auf G) (bez. P).

3) $\overline{\Psi}_X(G,P) := Fig_X(G) \cap \neg P$ heißt Komplement der Musterklasse $\Psi_X(G,P)$.

Bez. der Bezeichnungen gilt Analoges wie in 2).

Bemerkungen: 1) $Fig_X(G)$ ist natürlich auch Musterklasse.

2) Translationskongruente Muster werden nicht als gleich betrachtet, im Gegensatz z.B. zu Yamada und Amoroso [YA2], wo es allerdings auch um Muster in (unendlichen) Mosaikstrukturen geht, während wir hier schon die Verarbeitung in Zellularautomaten im Auge haben.

3) Es sei ausdrücklich darauf aufmerksam gemacht, daß das Komplement einer Musterklasse auch wieder nur Muster (d.h. endliche Gebiete mit einer Belegung aus X) enthält. Da P als rekursiv vorausgesetzt wurde, ist auch $\neg P$ rekursiv.

4) Der Einfachheit halber nehmen wir an, daß immer gilt: $\# \notin X$. Das wird erst im weiteren von Bedeutung sein.

Die Definition der Musterklasse unter Zuhilfenahme des Prädikates ist redundant: Eine Musterklasse über X auf G könnte auch allein als Teilmenge von $Fig_X(G)$ definiert werden. M.E. würde dabei aber auf eine hinreichend anthropomorphe Beschreibung verzichtet werden; unter diesem Aspekt wäre es allerdings vielleicht sogar angebracht zu fordern, daß das Prädikat "einfach formulierbar" sein sollte. Dies würde jedoch, abgesehen von den Schwierigkeiten einer adäquaten Definition, eine nicht von vornherein erwünschte Einschränkung bedeuten.

Die Definition wurde so gewählt, daß es unmittelbar klar ist, wie Muster in Zellularräumen repräsentiert werden; sie stellen ja gewisse endliche Konfigurationen (bei entsprechendem Zustandsalphabet) dar. Etwas anders ist dies bei zellularen Automaten. Einerseits ist es naheliegend, zellulare Automaten so zu wählen, daß ihr Zustandsalphabet A X umfaßt, um Zeichen des Musters durch einen Zustand darstellen zu können, andererseits ist es in vielfältiger Weise möglich, die Retina festzulegen, in die das Muster "einbeschrieben" werden soll, insbesondere, wenn ein Muster kein zusammenhängendes Gebiet darstellt.

Definition 4.2: Sei $\Psi^d_X(G,P)$ Musterklasse über X auf G bez. P . Eine Klasse von zellularen Automaten $\mathfrak{A}(\Psi^d_X(G,P)) = (A, d, N, F)$ sei so festgelegt, daß gilt:

a) $A \supset X$

b) $$R = \begin{cases} g, & \text{falls } g \text{ zusammenhängend} \\ Q, \text{ wobei } Q \text{ minimaler Quader, der } g \text{ umfaßt} & \text{sonst} \end{cases}$$

c) $\forall \underline{i} \in (R + \tilde{N}) \setminus R: c_o(\underline{i}) = \#$

d) $\forall \underline{i} \in R \setminus g: c_o(\underline{i}) = z_o$

$\mathfrak{A}(\Psi^d_X(G,P))$ heißt ein $\Psi^d_X(G,P)$-manipulierender zellularer Automat.

Falls Mißverständnisse ausgeschlossen sind, können in der Bezeichnung $\mathfrak{A}(\Psi^d_X(G,P))$ G und/oder P weggelassen werden.

Bemerkungen: 1) Diese Definition, speziell Teil b), soll auch die Manipulation nichtzusammenhängender Muster ermöglichen; falls man auf das Einschließen nichtzusammenhängender Muster in einen Quader verzichten würde, wäre i.allg. nur mit zusätzlicher Information (z.B. über Maximalentfernung oder Anzahl der Teilgebiete) eine Bearbeitung eines solchen Musters in Zellularautomaten möglich.
Man kann sich allerdings fragen, ob die Behandlung nichtzusammenhängender Muster so wichtig ist, da man sie ja durch Auffüllen der "Zwischenräume" mit Elementen aus einem u.U. erweiterten Alphabet zusammenhängend machen kann.
2) Damit die Festlegung von A, d, N und F zur vollständigen Beschreibung von $\mathfrak{A}(\Psi)$ ausreicht, treffen wir hier die Verabredung, daß der Rand der Retina -aus Grenzzellen bestehend- "geeignet dick" sein muß, d.h. keine Zelle der Retina hat in ihrer Nachbarschaft nicht zur Retina gehörende Zellen, die nicht Grenzzellen sind. Dies ist eine stärkere Forderung als die entsprechende bei der Definition der zellularen Automaten.

Wir könnten natürlich auch umgekehrt vorgehen: Gegeben seien Zellularautomaten; die Anfangskonfigurationen werden dann als zu manipulierende Muster betrachtet. Die hier gewählte Vorgehensweise ist m.E. aber naheliegender, da ja von vornherein Muster gegeben sind, und die Aufgabe darin besteht, diese Muster zu transformieren oder zu analysieren.

Zunächst wollen wir angeben, was wir unter den entsprechenden Begriffen verstehen wollen.

Definition 4.3: Im folgenden soll die Dimension immer gleich d sein.

Seien $Fig_X(G)$ Menge der Figuren über X auf G, $\Psi_X(G,P)$ Musterklasse über X auf G bez. P, $\Phi_{X'}(G'.P')$ Musterklasse über X' auf G' bez. P' und Φ_α, Φ_ω nichtleere disjunkte Teilklassen von $\Phi_{X'}(G',P')$.

1) Eine (totale) Funktion $m: \Psi_X(G,P) \rightarrow \Phi_{X'}(G',P')$ heißt Mustertransformation von Ψ in Φ.

2) Eine partielle Funktion $a: Fig_X(G) \rightarrow \Phi_{X'}(G',P')$ heißt Musterannahmefunktion (für $\Psi_X(G,P)$) bez. Φ_α, falls gilt:

$$\psi \in \Psi_X(G,P) \Leftrightarrow \psi \overset{a}{\mapsto} \psi' \in \Phi_\alpha$$

3) Eine (totale) Funktion $e: Fig_X(G) \rightarrow \Phi_{X'}(G',P')$ heißt Mustererkennungsfunktion (für $\Psi_X(G,P)$) bez. Φ_α und Φ_ω, falls gilt:

$$\psi \in \Psi_X(G,P) \Rightarrow \psi \overset{e}{\mapsto} \psi' \in \Phi_\alpha$$

$$\psi \notin \Psi_X(G,P) \Rightarrow \psi \overset{e}{\mapsto} \psi' \in \Phi_\omega$$

Bemerkungen: 1) Der Unterschied zwischen Musterannahme und Mustererkennung besteht darin, daß im ersten Fall für Muster, die nicht zur betrachteten Klasse gehören, i.allg. keine Aussage gemacht werden kann, während im zweiten Fall immer eine entsprechende Entscheidung getroffen wird. Beispiele dafür sind u.a. aus der Theorie der formalen Sprachen bekannt: Es gibt rekursiv-aufzählbare Sprachen, die nicht rekursiv sind (siehe z.B. [Sal]).

2) Zu 3) ist noch folgendes zu bemerken: Falls $\psi \in Fig_X(G)$, gilt:

$$\psi \notin \Psi_X(G,P) \Leftrightarrow \psi \in \overline{\Psi}_X(G,P)$$

Wir wollen jetzt angeben, wie entsprechende mustermanipulierende zellulare Automaten zur Transformation, Annahme und Erkennung von Musterklassen eingesetzt werden können.

Definition 4.4: Im folgenden soll die Dimension wieder immer gleich d sein.

Seien wieder $Fig_X(G)$ Menge der Figuren über X auf G bzw. die entsprechende Musterklasse, $\Psi_X(G,P)$ Musterklasse über X auf G bez. P, $\Phi_{X'}(G,P')$ Musterklasse über X' auf G bez. P' und Φ_α, Φ_ω nichtleere, disjunkte Teilklassen von $\Phi_{X'}(G,P')$.

1) Ein $\Psi_X(G,P)$-manipulierender zellularer Automat $\mathfrak{A} = (A, d, N, F)$ realisiert die Mustertransformation m von $\Psi_X(G,P)$ in $\Phi_{X'}(G,P')$ mit f, wobei $f: X \to \bar{X}$, abgekürzt: $\mathfrak{A}$ transformiert $\Psi_X(G,P)$ in $\Phi_{X'}(G,P')$ mit f, falls gilt:
   a) $A \supset X \cup \bar{X} \cup X'$
   b) $\exists\, t \in \mathbb{N}_0: (F^t(f(\psi))|_R = F^{t+1}(f(\psi))|_R)$
   $\wedge (F^t(f(\psi))|_R = m(f(\psi)))$

2) Ein $Fig_X(G)$-manipulierender zellularer Automat $\mathfrak{A} = (A, d, N, F)$ realisiert die Musterannahmefunktion $a: Fig_X(G) \to \Phi_{X'}(G,P')$ für $\Psi_X(G,P)$ bez. Φ_α, abgekürzt: $\mathfrak{A}$ nimmt $\Psi_X(G,P)$ (bez. Φ_α) an, falls gilt:
   $\forall \psi \in Fig_X(G): (\exists t \in \mathbb{N}_0: \forall k \in \mathbb{N}_0: F^{t+k}(\psi)|_R \in \Phi_\alpha) \Leftrightarrow \psi \in \Psi_X(G,P)$
   Wir schreiben dann abgekürzt: $\mathcal{L}_\alpha(\mathfrak{A}) = \Psi_X(G,P)$ und nennen $\mathfrak{A}$ den ZA-Akzeptor (bez. Φ_α) für $\Psi_X(G,P)$.

3) Ein $Fig_X(G)$-manipulierender zellularer Automat $\mathfrak{A} = (A, d, N, F)$ realisiert die Mustererkennungsfunktion $e: Fig_X(G) \to \Phi_{X'}(G,P')$ für $\Psi_X(G,P)$ bez. Φ_α und Φ_ω, abgekürzt: $\mathfrak{A}$ erkennt $\Psi_X(G,P)$ (bez. Φ_α, Φ_ω), falls gilt:
   $\forall \psi \in \Psi_X(G,P): \exists t \in \mathbb{N}_0: \forall k \in \mathbb{N}_0: F^{t+k}(\psi)|_R \in \Phi_\alpha$
   $\forall \psi \notin \Psi_X(G,P): \exists t \in \mathbb{N}_0: \forall k \in \mathbb{N}_0: F^{t+k}(\psi)|_R \in \Phi_\omega$
   Wir schreiben dann abgekürzt: $\mathcal{L}_{\alpha\omega}(\mathfrak{A}) = \Psi_X(G,P)$ und nennen $\mathfrak{A}$ den ZA-Erkenner (bez. Φ_α, Φ_ω) für $\Psi_X(G,P)$.

<u>Bemerkungen</u>: 1) Wegen der Festlegung der Grenzzellen in zellularen Automaten müssen die Manipulationen in einem durch das "Anfangsmuster" bestimmten festen Gebiet R erfolgen, d.h. die Retina ist weder erweiterbar, noch kann sie verkleinert werden.

2) Das Einführen der Funktion f bei der Mustertransformation geschieht, um die durch den Sprachgebrauch begründete Forderung der Anwendung einer Transformation auf ein zuvor erhaltenes Ergebnis erfüllen zu können. Da wir aber als Ergebnis einer Transformation eine stabile Konfiguration verlangen, ist dies nur dadurch möglich, daß der zellulare Automat auf ein durch f codiertes Muster angesetzt wird.

3) Im Gegensatz zur entsprechenden Forderung an die Realisierung einer Mustertransformation braucht das Ergebnis bei der Annahme und der Erkennung nicht in einer stabilen Konfiguration zu bestehen,

es muß aber wohl in der entsprechenden Klasse bleiben.

Unsere ziemlich allgemein gehaltene Definition des Annehmens und Erkennens -daß dies so ist, wird sich unten zeigen- soll etwas eingehender diskutiert werden: Wir haben zunächst keine Forderungen an $\Phi_{X'}(G,P')$ gestellt; so ist es z.B. möglich, daß $\Phi = \Psi$. Man wird aber erwarten, daß Φ bzw. Φ_α und Φ_ω von "geringerer Komplexität" als die zu untersuchende Musterklasse ist bzw. sind, weil es ja nicht sinnvoll erscheint, auf die bei der Annahme oder Erkennung entstehenden Muster "komplexere" Automaten anwenden zu müssen, als dies ein zellularer Automat darstellt. Daß dies notwendig wäre, ersieht man aus dem Folgenden.

Zunächst sei eine einfache Aussage über den Zusammenhang zwischen eindimensionalen zellularen Automaten und linear beschränkten Automaten skizziert (in [Sm5] ist ein entsprechender Satz für d-dimensionale zellulare Automaten und d-dimensionale linear beschränkte Automaten erwähnt, ohne daß jedoch diese beiden Typen exakt definiert worden wären). Es ist hierbei allerdings wichtig, daß das Annehmen in einer bestimmten Weise festgelegt wird: Sei $Fig_X(G)$ Menge der Figuren über X auf G . $\bar{\Phi}_\alpha$ wird so definiert, daß der am weitesten rechts gelegene Automat in der Retina einen Zustand α annimmt, wobei $\alpha \notin X$. Für die Zustände der übrigen Automaten wird nichts Spezielles verlangt.

Proposition 4.1: 1) Sei $\mathfrak{A}$ ein eindimensionaler zellularer Automat, der eine Musterklasse $\Psi_X(G,P)$ bez. obigem $\bar{\Phi}_\alpha$ annimmt. Dann existiert ein deterministischer linear beschränkter Automat, der die gleiche Musterklasse annimmt.
2) Sei $\mathfrak{B}$ ein deterministischer linear beschränkter Automat, der eine Musterklasse $\Psi_X(P)$ annimmt. Dann existiert ein eindimensionaler zellularer Automat, der die gleiche Musterklasse bez. obigem $\bar{\Phi}_\alpha$ annimmt.

Bemerkung: Musterklassen $\Psi_X(P)$ (oder anders gesagt, formale Sprachen) für linear beschränkte Automaten beziehen sich natürlich immer auf einfach-zusammenhängende eindimensionale Gebiete.

Zum (einfachen) Beweis sei lediglich bemerkt, daß man unter Zuhilfenahme von zusätzlichen Zuständen einen Globalübergang in einer Folge von Schritten in einem linear beschränkten Automaten simulieren kann. Teil 2) wird analog wie die Simulation von Turingmaschinen in zellularen Automaten (siehe z.B. [Sm3] bzw. Abschnitt 2.4) behandelt.

Der angesprochene Zusammenhang zwischen zellularen Automaten und deterministischen linear beschränkten Automaten erscheint natürlich, ebenso wie die Festlegung von $\bar{\Phi}_\alpha$, die zum Ausdruck bringt, daß das Ergebnis an einer wohldefinierten Stelle "einfach" abgelesen werden kann. Wird letzteres nicht verlangt, d.h. betrachten wir die allgemeine Definition 4.4, so ergibt sich folgendes:

Proposition 4.2: Es existieren ein eindimensionaler zellularer Automat $\mathfrak{A}$, Musterklassen $\Psi_X(G,P)$, $\Phi_{X'}(G,P')$ und Φ_α , wobei Φ_α nichtleere Teilklasse von $\Phi_{X'}$, so daß gilt: $\mathfrak{A}$ nimmt Ψ_X bez. Φ_α an, und es gibt keinen eindimensionalen zellularen Automaten $\bar{\mathfrak{A}}$, der Ψ_X bez. obigem $\bar{\Phi}_\alpha$ annimmt.

Beweis: $Fig_X(G)$ sei die Menge aller Wörter über X in einem einfach-zusammenhängenden eindimensionalen Gebiet G ; als $\Psi_X(G,P)$ sei eine rekursive, nicht contextsensitive Sprache gewählt (solche Sprachen existieren; siehe z.B. [Sal]). Sei $\Phi_{X'} = \Phi_\alpha = \Psi_X$. Dann nimmt ein zellularer Automat $\mathfrak{A}$, der "nichts tut" -d.h. für den für beliebige Konfigurationen c gilt

$$\forall t \in \mathbb{N}_0 : F^t(c)|_R = F^{t+1}(c)|_R$$

die Sprache Ψ_X bez. Φ_α an.

Mit Proposition 4.1 folgt der zweite Teil der Behauptung. ::

Bemerkung: Der "Trick" liegt natürlich in der Wahl von Φ_α ; Φ_α selbst kann von keinem eindimensionalen zellularen Automaten bez. obigem $\bar{\Phi}_\alpha$ angenommen werden.

Nach dem Gesagten ist es naheliegend zu verlangen, daß Φ_α und Φ_ω so festgelegt werden, daß ein Automat in der Retina (oft ein durch seine Lage ausgezeichneter Automat) einen bestimmten Zustand annimmt, während die übrigen Automaten dabei in beliebigen Zuständen sein können. Über Annehmen und Erkennen bez. solcher spezieller Musterklassen läßt sich für rechteckige zellulare Automaten die folgende Aussage machen.

Proposition 4.3: Sei $Fig_X(G)$ die Menge der Figuren über X auf rechteckigen Gebieten und $\Psi_X(G,P)$ Musterklasse. Für X' gelte: $\{\alpha, \omega\} \subseteq X'$. $\Phi_{X'}(G,P')$ enthalte Φ'_α und Φ'_ω, die dadurch gegeben sind, daß mindestens ein Automat im Gebiet G im Zustand α bzw. ω sein muß und keiner im Zustand ω bzw. α ist, während die übrigen beliebige Zustände annehmen dürfen.
Sei dann $\mathfrak{A}$ ein zweidimensionaler ZA-Akzeptor bez. Φ'_α für $\Psi_X(G,P)$. Dann läßt sich effektiv ein $Fig_X(G)$-manipulierender zweidimensionaler zellularer Automat $\mathfrak{A}'$ konstruieren, so daß gilt: $\mathfrak{A}'$ ist ZA-Erkenner bez. Φ'_α, Φ'_ω für $\Psi_X(G,P)$.

Beweisskizze: Der Beweis beruht darauf, daß im zellularen Automaten wegen seiner festen Größe nur eine endliche Anzahl von verschiedenen Konfigurationen auftreten kann.

Sei $\mathfrak{A} = (A, 2, N, F)$ ZA-Akzeptor bez. Φ'_α für $\Psi_X(G,P)$. $\mathfrak{A}$ kann dann $< |A|^{|R|}$ verschiedene Konfigurationen annehmen ("<" wegen der "beschränkten" Verwendung von $\# \in A$). Befindet sich $\mathfrak{A}$ nach $|A|^{|R|}$ Übergängen nicht in einer "Annahmekonfiguration", so gehört die vorgegebene Figur nicht zur Musterklasse Ψ.

$\mathfrak{A}'$ wird so konstruiert, daß die folgenden Prozesse simultan in ihm ablaufen können; dazu stellt man sich wieder vor, daß jeder Automat in zwei Register unterteilt sei, die für den gesamten zellularen Automaten untereinander nach dem Raster N -das H_1 umfassen muß- verknüpft seien und von denen dann als oberer und unterer Schicht gesprochen werde. In einer Schicht, z.B. der unteren, läuft der zum Verhalten von $\mathfrak{A}$ analoge Prozeß ab. In der oberen Schicht wird, von einem Eckautomaten ausgehend, in allen Automaten, die als ein Register der Länge $|R|$ betrachtet werden können, im $|A|$-adischen Zahlensystem gezählt. Ist das Register gefüllt -daran erkenntlich, daß ein Überlauf auftreten würde-, so wird dies dem erwähnten Eckautomaten mitgeteilt. Zu dem Zeitpunkt, wo dieser Automat das betreffende Signal erhält, sind in der unteren Schicht sicherlich mehr als $|A|^{|R|}$ Übergänge vorgenommen worden. Der gekennzeichnete Eckautomat startet daraufhin einen Suchprozeß. Wird dabei ein Automat im Zustand α angetroffen, so ist nach Definition die vorgelegte Figur Element aus der Musterklasse Ψ. Wird kein Automat im Zustand α gefunden, so nimmt der markierte Eckautomat den Zustand ω an, den er dann beibehält.

Damit stellt $\mathfrak{A}'$ einen ZA-Akzeptor bez. Φ'_α, Φ'_ω für $\Psi_X(G,P)$ dar. ::

Bemerkungen: 1) Φ'_α wurde so gewählt, um die Überprüfung, ob ein Muster zur "Annahmemusterklasse" gehört, zu ermöglichen. Das angegebene Verfahren darf natürlich nicht als eine effiziente Konstruktion betrachtet werden.

2) Die Aussage läßt sich auf zweidimensionale zellulare Automaten mit beliebigen einfach-zusammenhängenden Gebieten erweitern, wenn man das in Abschnitt 3.3 erwähnte Verfahren von Höllerer und Szwerinski zur Festlegung eines bestimmten Automaten verwendet: Man löst in der oberen Schicht zum Anfangszeitpunkt das Bestimmungsverfahren für diese Zelle aus. Ist sie gefunden, so startet ein Labyrinthalgorithmus (siehe z.B. [Ko2]), der alle Automaten der Retina mindestens einmal erreicht und zum Ausgangsautomaten zurückführt. Gleichzeitig damit -bzw. der Markierung folgend- wird im $|A|$-adischen Zahlensystem in den "aufgefädelten" Automaten gezählt. Das weitere Verfahren ist analog zu dem oben skizzierten.

3) Eine von Beyer [Bey] vorgeschlagene weitere Beweismethode soll wegen der Eleganz des Konzepts -das sich auch bei anderen Gelegenheiten benutzen läßt- kurz erläutert werden: Ausgegangen wird von einem zweidimensionalen zellularen Automaten mit rechteckigem Gebiet; für solche Automaten läßt sich, wie oben, leicht ein Eckautomat auszeichnen. Der zellulare Automat werde in drei Schichten unterteilt.

In den beiden unteren Schichten geschieht die eigentliche Arbeit, aber mit verschiedener Geschwindigkeit; die zweite Schicht führt nur zu jedem zweiten Zeitpunkt einen Globalübergang aus, d.h. sie arbeitet mit der halben Geschwindigkeit der ersten. Die dritte Schicht übernimmt die Steuerung: Nach jedem zweiten Schritt der ersten Schicht überprüft sie, ob die Automaten der beiden Schichten die jeweils gleichen Zustände annehmen. Ist dies nämlich zu irgendeinem Zeitpunkt der Fall, so befindet sich der zellulare Automat in einer Schleife. Für die entsprechenden Konfigurationen kann dann überprüft werden, ob sie Annahmekonfigurationen sind oder nicht; im zweiten Fall wird ein bestimmter Automat in den Zustand ω versetzt.

Falls von der Annahme ausgegangen wird, daß Schleifen erst nach einer gewissen Vorlaufzeit t_o beginnen und daß sie die Periodenlänge p aufweisen, wird die Übereinstimmung der beiden ersten Schichten durch die dritte Schicht nach einer Zeit t festgestellt werden, wobei

$$2t_o \leq t < 2(t_o + p)$$

Für $t_o = 11$ und $p = 3$ ergibt sich z.B. $t = 24$.

Da wir, zumindest implizit, die Fähigkeiten von zellularen Automaten mit denen sequentiell arbeitender Automaten vergleichen wollen, müssen wir noch einen entsprechenden Maßstab bereitstellen. Der der Annahmekapazität ist dafür etwas zu grob, da, wie erwähnt, in Zellularräumen Turingmaschinen simuliert werden können und wegen des oben skizzierten engen Zusammenhangs zwischen zellularen Automaten und deterministischen linear beschränkten Automaten.

Andererseits war ja ein Grund zur Einführung von Zellularräumen, aus lauter aktiven Automaten bestehend, der erhoffte Zeitgewinn, zumindest für gewisse Aufgabenklassen.

Definition 4.5: Sei Ψ Musterklasse, $\psi \in \Psi$ und $\mathfrak{a}(\Psi)$ ein Ψ-manipulierender zellularer Automat.

1) Als Durchmesser ρ von ψ in $\mathfrak{a}(\Psi)$ wird definiert:

$$\rho(\psi) := \max_{\substack{1 \leq i \leq d \\ \underline{a}, \underline{b} \in R}} \{|a_i - b_i|\} + 1$$

2) Als Umfang σ von ψ in $\mathfrak{a}(\Psi)$ wird definiert:

$$\sigma(\psi) := \begin{cases} |R| & \text{falls } d = 1 \\ |(\bar{R} + H_1^{(d)}) \setminus \bar{R}| & \text{falls } d > 1 \end{cases}$$

Bemerkungen: 1) $\bar{R}$ bezeichnet dabei das Komplement der Retina in $\mathbb{Z}^d$.

2) Die Definitionen wurden so gewählt, daß für $d = 1$ Durchmesser und Umfang übereinstimmen.

Definition 4.6: Seien Ψ und Φ Musterklassen und $\mathfrak{a}(\Psi)$ ein Ψ-manipulierender zellularer Automat.

1) $\mathfrak{a}(\Psi)$ transformiere Ψ in Φ.

Dann transformiert $\mathfrak{a}(\Psi)$ ein beliebiges $\psi \in \Psi$ in der Zeit t, wenn t das minimale t aus Definition 4.4 1) ist.

$\mathfrak{a}(\Psi)$ transformiert Ψ in Durchmesserzeit (resp. Linearzeit,

Umfangzeit, Produktzeit), falls für alle $\psi \in \Psi$ $\mathfrak{A}(\Psi)$ ψ in einer Zeit $\leq \rho(\psi) + \kappa$ mit $\kappa \in \mathbb{N}$ (resp. $\leq k\rho(\psi)$, $\leq \sigma(\psi)+\kappa$, $\leq k|R|$ jeweils mit $k \in \mathbb{N}$ und $\kappa \in \mathbb{N}$) transformiert.
2) Analoge Bezeichnungen werden verwandt im Falle, daß $\mathfrak{A}(\Psi)$ Ψ annimmt.
3) Analoges gilt ebenfalls, wenn $\mathfrak{A}(\Psi)$ Ψ erkennt.

Wir werden noch von folgender Sprechweise Gebrauch machen: Falls $\mathfrak{A}(\Psi)$ eindimensionaler zellularer Automat ist und $\kappa = 0$ gilt, so wird anstelle von "Durchmesserzeit" auch "Realzeit" benutzt. Dies geschieht in Analogie zur entsprechenden Bezeichnung bei Turingmaschinen. Realzeit ist i.allg. die kürzeste für eine Bearbeitung sinnvolle Zeit.

Definition 4.7: Seien Ψ und Φ Musterklassen.
1) Ψ heißt in Durchmesserzeit (resp. Realzeit, Linearzeit, Umfangzeit, Produktzeit) transformierbar, falls es einen Ψ-manipulierenden zellularen Automaten gibt, der Ψ in Durchmesserzeit (resp. Realzeit, Linearzeit, Umfangzeit, Produktzeit) in Φ transformiert.
2) "Annehmbar" wird analog definiert.
3) "Erkennbar" wird entsprechend definiert.

4.2 Beispiele von Mustertransformationen

In diesem Abschnitt werden einige Beispiele für Mustertransformationen in zellularen Automaten beschrieben.

Wir wollen die zu behandelnden Mustertransformationen kurz informell einführen: Es wird ausgegangen von der Menge der Figuren über $\{s, w\}$ auf der Klasse der nichtleeren, endlichen Rechtecke, die entsprechend ihrer Größe als $m \times n$ - Rechtecke, wobei $m, n \in \mathbb{N}$, bezeichnet werden.

Unter einer Translation werde die Verschiebung einer Figur in Ost-West-Richtung verstanden, so daß die in der Figur am weitesten westlich gelegenen Punkte s (künftig auch, die Einbettung in zellulare Automaten im Sinn, als s-Zellen bezeichnet) nach der Translation an den westlichen Rand anstoßen. Unter einer Spiegelung werde die Spiegelung einer Figur an der senkrechten Mittelachse verstanden. Im Falle der Rotation wird unter G die Menge der endlichen, nichtleeren Quadrate verstanden, und unter Rotation die Drehung einer Figur um 90° um den Mittelpunkt entgegengesetzt zum Uhrzeigersinn.

Die folgenden Algorithmen zeigen, daß es $Fig_X(G)$-manipulierende zellulare Automaten und ein f gibt, die die Mustertransformationen Translation, Spiegelung und Rotation mit f in Linearzeit realisieren. f ist folgendermaßen festgelegt: $s \overset{f}{\mapsto} \bar{s}$, $w \overset{f}{\mapsto} \bar{w}$. Im folgenden wird auf die Behandlung von Spezialfällen, wie z.B. 1×1 -Rechtecken, nicht eigens eingegangen.

Das folgende Verfahren von B e y e r [Bey] bewirkt eine Translation im obigen Sinn.

Algorithmus 4.1: Es wird ein H_1-Raster benutzt. Es liege ein $m \times n$-Rechteck vor.

Um die Lage der am weitesten westlich gelegenen $\bar{s}$-Zellen zu bestimmen, senden alle $\bar{s}$-Zellen Signale nach Süden. Trifft am südlichen Rand ein solches Signal ein, so wird an der jeweiligen Stelle eine Markierung vorgenommen. Zugleich läuft von der nordwestlichen Zelle, die sich ja in einem Schritt identifizieren kann, ein Signal t nach Süden. Trifft es auf eine $\bar{s}$-Zelle, so stoppt es und initiiert eine Welle, die sich über die gesamte Retina ausbreitet und dabei die oben angestoßenen Prozesse beendet, unter gleichzeitiger Umwandlung von $\bar{s}$, $\bar{w}$ in resp. s, w.

Erreicht t den südlichen Rand, ohne dabei auf eine $\bar{s}$-Zelle gestoßen zu sein, so läuft t am südlichen Rand nach Osten. Beim Antreffen der ersten Markierung wird ein Signal nach Norden geschickt, das den "westlichen Rand" (wR) des Musters festlegt. Dieses Signal läuft zur nordwestlichen Zelle zurück und löst ein Signal in südlicher Richtung aus, das in jeder Reihe den eigentlichen Verschiebeprozeß in Gang setzt: Die der Grenzzelle benachbarte Zelle sendet in jeder Zeiteinheit einen Impuls v nach Osten, und zwar so lange, bis die (in der entsprechenden Reihe stehende) wR-Zelle (nach dem unten zu beschreibenden Verfahren) in ihre Nachbarschaft gelangt. Ist dies der Fall, so wird noch ein $\tilde{v}$-Impuls ausgesandt.

Die wR-Zelle (bzw., um genauer zu sein, ihr Inhalt) wird immer dann um eine Zelle nach Westen verschoben, wenn in der vorhergehenden Zeiteinheit in ihrem westlichen Nachbarn ein v-Impuls oder ein $\tilde{v}$-Impuls eingetroffen war. Kreuzen v-Impulse ($\tilde{v}$-Impulse) wR-Zellen, so werden sie in $\bar{v}$-Impulse (resp. $\tilde{\bar{v}}$-Impulse) verwandelt, laufen aber weiter, bis sie in den den östlichen Grenzzellen benachbarten Zellen vernichtet werden. Die $\bar{v}$-Impulse verursachen in allen Zellen eine Verschiebung um eine Zelle nach Westen. Der $\tilde{\bar{v}}$-Impuls bewirkt ebenfalls eine Verschiebung, veranlaßt aber ein anschließendes Übergehen in die Zustände s bzw. w (auch der inzwischen bis an den westlichen Rand geschobenen wR-Zelle).

t ↓

#			wR	$\bar{s}$	$\bar{s}$		$\bar{s}$			$\bar{s}$	$\bar{s}$		#
#	v			$\bar{s}$	$\bar{s}$		$\bar{s}$			$\bar{s}$	$\bar{s}$		#
#	v	v		$\bar{s}$	$\bar{s}$		$\bar{s}$			$\bar{s}$	$\bar{s}$		#
#	v	$\bar{v}$	$\bar{v}$	$\bar{s}$	$\bar{s}$		$\bar{s}$			$\bar{s}$	$\bar{s}$		#
#	$\tilde{\bar{v}}$	$\bar{v}$	$\bar{s}$ $\bar{v}$	$\bar{v}$	$\bar{s}$		$\bar{s}$			$\bar{s}$	$\bar{s}$		#
#		$\bar{s}$ $\tilde{\bar{v}}$	v	$\bar{s}$ $\bar{v}$	$\bar{v}$		$\bar{s}$			$\bar{s}$	$\bar{s}$		#
#		s	$\bar{s}$ $\tilde{\bar{v}}$	$\bar{v}$	$\bar{v}$	$\bar{v}$	$\bar{s}$			$\bar{s}$	$\bar{s}$		#
#		s	s	$\tilde{\bar{v}}$	$\bar{v}$	$\bar{s}$ $\bar{v}$	$\bar{v}$			$\bar{s}$	$\bar{s}$		#
#		s	s		$\bar{s}$ $\tilde{\bar{v}}$	$\bar{v}$	$\bar{v}$	$\bar{v}$		$\bar{s}$	$\bar{s}$		#
#		s	s		s	$\tilde{\bar{v}}$	$\bar{v}$	$\bar{v}$	$\bar{v}$	$\bar{s}$	$\bar{s}$		#
#		s	s		s		$\tilde{\bar{v}}$	$\bar{v}$	$\bar{s}$ $\bar{v}$	$\bar{v}$	$\bar{s}$		#
#		s	s		s			$\bar{s}$ $\tilde{\bar{v}}$	$\bar{v}$	$\bar{s}$ $\bar{v}$	$\bar{v}$		#
#		s	s		s			s	$\bar{s}$ $\tilde{\bar{v}}$	$\bar{v}$	$\bar{v}$	$\bar{v}$	#
#		s	s		s			s	s	$\tilde{\bar{v}}$	$\bar{v}$	$\bar{v}$	#
#		s	s		s			s	s		$\tilde{\bar{v}}$	$\bar{v}$	#
#		s	s		s			s	s			$\tilde{\bar{v}}$	#
#		s	s		s			s	s				#
#		s	s		s			s	s				#

Fig. 22 Beispiel der Translation eines Ausschnitts eines Musters
($\bar{w}$- und w-Zellen sind nicht gekennzeichnet)

Dieser Verschiebeprozeß ist in $< 3n$ Zeiteinheiten abgeschlossen.

Besondere Maßnahmen sind noch zu treffen, wenn alle Zellen der Retina zu Beginn im Zustand $\bar{w}$ sind. Beispielsweise kann man dann das Signal t den Rand entlang zur nordwestlichsten Zelle zurücklaufen lassen -genau dann, wenn es auf dem westlichen und südlichen Rand keine Markierung antrifft, liegt der genannte Fall vor- und von dort den Umwandlungsprozeß starten.

Die gesamte Translation ist in Linearzeit abgeschlossen. ::

Bemerkung: Zur Sprechweise sei nochmals ausdrücklich bemerkt, daß natürlich nicht die Zellen, sondern die in ihnen enthaltene Information verschoben wird.

Ein Verfahren von Smith [Sm5] läßt sich zur Spiegelung in einer $m \times n$ -Retina in Linearzeit benutzen.

Algorithmus 4.2: Es wird ein H_1-Raster benutzt. Es liege ein $m \times n$-Rechteck vor.

Die am westlichen Rand gelegenen Zellen senden simultan je einen Impuls mit Angabe ihres Zustandes nach Osten. Die am östlichen Rand gelegenen Zellen schicken in der ersten Zeiteinheit je einen v-Impuls in die benachbarten (westlichen) Zellen; diese v-Impulse laufen aber erst dann in westlicher Richtung weiter, wenn die zuerst genannten (von Westen kommenden) Impulse auf sie treffen.

Inzwischen senden auch alle anderen Zellen in der Retina Impulse mit Angabe ihres Anfangszustandes mit halber Einheitsgeschwindigkeit nach Westen. Jeder dieser Impulse wird am westlichen Rand reflektiert und läuft dann mit Einheitsgeschwindigkeit nach Osten. Die Zellen, in denen reflektierte Impulse mit den nach Westen laufenden v-Impulsen kollidieren, gehen zum Kollisionszeitpunkt in die Zustände s resp. w -in Abhängigkeit von der Information $\bar{s}$ resp. $\bar{w}$, die die reflektierten Impulse enthielten- über.

Die v-Impulse werden am westlichen Rand vernichtet.

Die Spiegelung erfolgt so in $< 3n$ Zeiteinheiten. ::

Fig. 23 stellt ein Beispiel einer Spiegelung nach dem gerade skizzierten Algorithmus dar.

t ↓

+	1	2	3	4	5	6	7	+
+	–	2 1	3	4	5	6	7 v	+
+	2	3	4 1	5	6	7	v	+
+	–	3 2	4	5 1	6	7	v	+
#	3	4	5 2	6	7 1	–	v	+
+	–	4 3	5	6 2	7	1	v	+
+	4	5	6 3	7	2	–	v 1	#
#	–	5 4	6	7 3	–	v 2	1	+
#	5	6	7 4	–	v 3	2	1	+
+	–	6 5	7	v 4	3	2	1	#
+	6	7	v 5	4	3	2	1	+
+	–	v76	5	4	3	2	1	+
#	v 7	6	5	4	3	2	1	+
+	7	6	5	4	3	2	1	+

Fig. 23 Beispiel der Spiegelung eines Ausschnitts eines Musters (Es sind die Nummern der Zellen angegeben, um die Verhältnisse zu verdeutlichen.)

Das Verfahren zur Rotation folgt wieder B e y e r [Bey].

<u>Algorithmus 4.3</u>: Es wird ein M_1-Raster benutzt. Es liege ein $m \times m$-Rechteck vor.

Das Grundprinzip besteht darin, von außen nach innen konzentrische Quadrate zu erzeugen, in denen -nach der Generierung- das Verschieben der Zelleninhalte beginnt. Beim Erreichen des Mittelpunktes wird eine Welle nach allen Richtungen ausgesandt, die das Verschieben stoppt und ein Rücksetzen der Zustände $f(z)$ (hier in z) bewirkt. Damit sich diese Welle in vollständigen Quadraten ausbreitet, wurde M_1 als Raster vorausgesetzt; bei Inkaufnahme größerer Laufzeiten kommt man auch mit einem H_1-Raster aus.

Beim Erzeugen der konzentrischen Quadrate werden Schicht für Schicht abwechselnd zwei Arten von Markierungen verwandt; zugleich werden die jeweiligen Ecken markiert, einmal um zu sichern, daß die Verschiebung richtig erfolgt und zum andern zur Identifikation des Zentrums. Bei Retinas mit geradzahliger Seitenlänge bilden diejenigen vier Zellen, in deren gleichmarkierter Umgebung genau vier "Eckzellen" liegen, das Zentrum, während bei Retinas mit ungeradzahliger Seitenlänge diejenige Zelle, in deren anders markierter Nachbarschaft genau vier "Eckzellen" vorhanden sind, die Mittelpunktzelle darstellt.

Die Verschiebung in einer Schicht beginnt jeweils dann, wenn diese Schicht im vorhergehenden Zeitpunkt markiert wurde; die letzte Verschiebung erfolgt jeweils zu dem Zeitpunkt, in dem das Stoppsignal in dieser Schicht ankommt. ::

In den folgenden beiden Beispielen der Fig. 24 ist für Retinas mit geradzahliger und ungeradzahliger Seitenlänge das Zeitverhalten der Markierungs- und der Stoppwelle dargestellt. Die Zahlen geben die Zeitpunkte an, in denen diese Signale die jeweiligen Schichten erreichen.

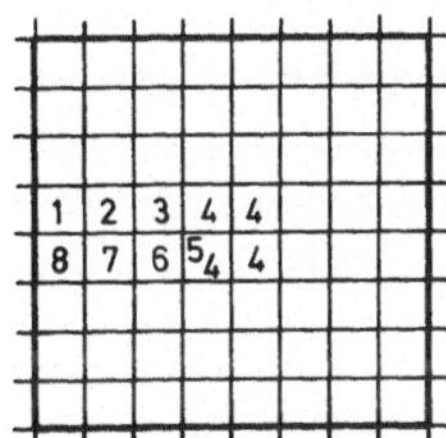

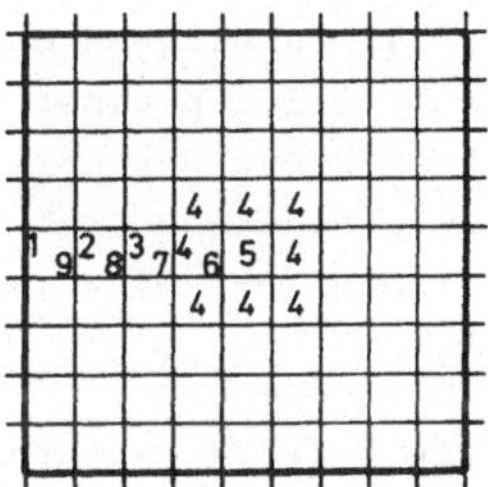

Fig. 24 Beispiel zum unterschiedlichen Zeitverhalten bei der Rotation von Retinas

Bemerkung: Man überlegt sich, daß man mit entsprechenden Signallaufzeiten auch $Fig_X(G)$-manipulierende zellulare Automaten konstruieren kann, die eine Rotation der Muster um 180° oder 270° bewirken. Andererseits läßt sich dies natürlich auch durch mehrfache Anwendung des obigen zellularen Automaten erreichen.
Drehungen um andere Winkel verlangen eine Diskussion der "zulässigen" Muster und der Fehler, die durch die Diskretisierung entstehen. Einführende Überlegungen in dieser Richtung -Abbildungen von Objekten der realen Welt in zellulare Automaten- sind in [Jah] zu finden.

Im folgenden soll ein weiteres Transformationsproblem behandelt werden, bei dem es etwas überrascht, daß eine Linearzeit-Lösung erreicht werden kann.

Wir wollen auch dieses Problem nur informell beschreiben: Es wird wieder ausgegangen von der Menge der Figuren über $\{s, w\}$ auf der Klasse der $m \times n$ -Rechtecke, wobei zur Vereinfachung der Vorgehensweise vorausgesetzt wird, daß $m = 2^a$ mit $a \in \mathbb{N}$ und $n > m$ gilt. Unter der Packung eines solchen Musters wird eine Transformation verstanden, die als Ergebnis ein Muster liefert, in dem die Anzahlen von s- und w-Zellen unverändert sind, die s-Zellen aber dicht in den obersten Reihen stehen, wobei u.U. die letzte dieser Reihen linksbündig "beschrieben" ist.

Im folgenden Algorithmus ist die Arbeitsweise eines $Fig_X(G)$-manipulierenden zellularen Automaten skizziert (nach K o s a r a j u [Ku1]), der diese Mustertransformation mit dem obigen f in Linearzeit realisiert.

Algorithmus 4.4: Es wird angenommen, daß die Zustandszahl so festgelegt ist, daß alle in einer Zelle vorzunehmenden Operationen ohne gegenseitige Störungen ablaufen können. Das Überwachen der Zeitabläufe geschieht, wie üblich, durch Aussenden und Wiederempfangen von Signalen, ohne daß dies im folgenden jeweils erwähnt wird.

1) Zunächst wird die Anzahl der in der Retina enthaltenen $\bar{s}$-Zellen berechnet: Die $\bar{s}$-Zellen werden in allen Reihen nach links verschoben und in Dualzahlen umgewandelt, die in den jeweiligen Reihen linksbündig und mit niedrigstwertigem Bit am linken Rand gespeichert werden. Danach werden alle diese Zahlen nach oben geschoben und in der obersten Reihe aufaddiert. Nach den Voraussetzungen sind dazu 2n Zeiteinheiten ausreichend. Insgesamt werden für den Vorgang 1)

$$\leq c_1(m + n)$$

Zeiteinheiten benötigt, wobei $c_1 \in \mathbb{N}$.
Die entstehende Dualzahl b wird in der obersten Reihe gespeichert; sie hat eine Länge $\leq n$.

2) Das $m \times n$ -Rechteck wird in $a+1$ Rechtecke der folgenden Größen unterteilt:

$2^{a-1} \times n$, $2^{a-2} \times n$, . . ., $2 \times n$, $1 \times n$, $1 \times n$;

diese Rechtecke werden resp. mit $R_1, R_2, \ldots, R_{a+1}$ bezeichnet. Dazu werden die Reihen

$r_1 = 1, \quad r_2 = \lceil (r_1 + m)/2 \rceil, \ldots, r_{a+1} = \lceil (r_a + m)/2 \rceil$

durch Sondersymbole markiert. Dies geschieht mit Hilfe eines leicht modifizierten FSSP-Algorithmus: Die Zellen der obersten Reihe wirken als Generäle. Nach dem Auffinden der Mittelpunkte (der Spalten) geben die entsprechenden Zellen die Signale aber nur nach unten weiter. Dazu werden

$$\le c_2' m$$

Zeiteinheiten, wobei $c_2' \in \mathbb{N}$, benötigt.

Die oben eingeführten Rechtecke R_i werden für $i = 1, \ldots, a-1$ durch die Reihen $r_i, r_i + 1, \ldots, r_{i+1} - 1$ gebildet, und R_{a+1} stimmt mit der Reihe r_{a+1} überein. Die nordwestlichsten Zellen dieser Rechtecke R_i, $i = 1, \ldots, a+1$, werden resp. mit $\bar{r}_i$ bezeichnet.

Nach dieser Einteilung werden analog zu 1) die Anzahlen von Zellen in den Rechtecken R_i als Dualzahlen jeweils in der obersten Reihe der Rechtecke gespeichert, wobei das niedrigstwertige Bit jeweils in $\bar{r}_i$ steht.

Für 2) werden

$$\le c_2(m + n)$$

Zeiteinheiten, wobei $c_2 \in \mathbb{N}$, benötigt.

3) Die $\bar{s}$-Zellen werden jetzt auf die Rechtecke R_i aufgeteilt, was bedeutet, daß b dargestellt wird als

$$\begin{aligned} b &= \delta_1 b_1 + \delta_2 b_2 + \ldots + \delta_a b_a + \bar{b} \\ &= \delta_1 n 2^{a-1} + \delta_2 n 2^{a-2} + \ldots + \delta_a n + \bar{b}, \end{aligned}$$

wobei $\delta_i \in \{0, 1\}$, $i = 1, \ldots, a$ und $\bar{b} \le n$.

Die Aufteilung verläuft nach folgendem Prinzip:

Sei $b^1 := b$. Für $i = 1, \ldots, a-1$ sei

$$b^{i+1} := \begin{cases} b^i & \text{falls } b_i > b^i \\ b^i - b_i & \text{sonst} \end{cases}$$

Die b^i werden mit den b_i jeweils in den Zellen $\bar{r}_i$ verglichen. Ist $b_i > b^i$, so nimmt $\bar{r}_i$ den Zustand z_w an, im anderen Fall den Zustand z_s. b^{i+1} wird nach $\bar{r}_{i+1}$ weitergeschoben.

Da jeder Vergleich und jede Subtraktion $\le 2\mathrm{ld}(mn)$ Zeiteinheiten benötigen und da $\le a$ solcher Operationen und $\le c_3' m$ Zeiteinheiten, wobei $c_3' \in \mathbb{N}$, zum Verschieben benötigt werden, sind für 3)

$$\leq c_3(m + n)$$

Zeiteinheiten, wobei $c_3 \in \mathbb{N}$, erforderlich.

4) Die Rechtecke R_i, deren Zellen $\bar{r}_i$ im Zustand z_s sind, werden mit $\bar{s}$ gefüllt, entsprechend die $\bar{b}$ Zellen der letzten "beschriebenen" Reihe.

Für 4) werden

$$\leq c_4(m + n)$$

Zeiteinheiten, wobei $c_4 \in \mathbb{N}$, benötigt.

Nach diesem Schritt sind u.U. einige der R_i mit $\bar{s}$ gefüllt bzw. teilweise gefüllt, während andere, auch dazwischenliegende, nur $\bar{w}$-Zellen enthalten (siehe Fig. 25).

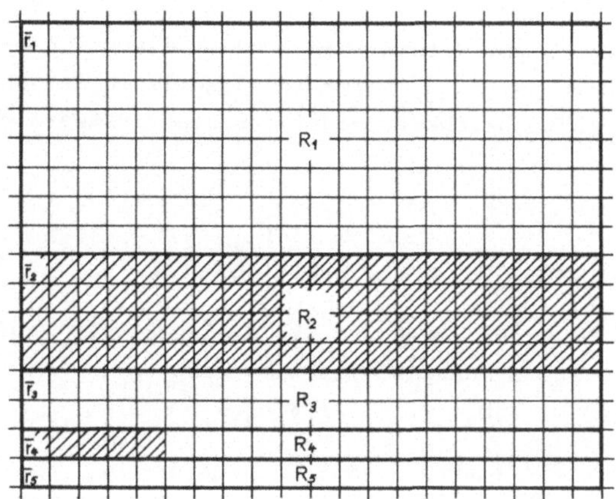

Fig. 25 Beispiel einer Retina nach Schritt 4) des Algorithmus 4.4

5) Alle Zellen im Zustand $\bar{s}$ werden nach oben verschoben und gleichzeitig werden dabei alle Sondermarkierungen gelöscht, so daß schließlich alle Zellen im Zustand s oder w sind.

Für diese Verschiebungen sind

$$\leq c_5(m + n)$$

Zeiteinheiten, wobei $c_5 \in \mathbb{N}$, erforderlich.

Der gesamte Algorithmus benötigt zur Packung also Linearzeit. ::

Als ein naheliegendes Beispiel der Parallelisierung arithmetischer Algorithmen werde die Matrizenmultiplikation betrachtet. Bei einem Einsatz eines Zellularautomaten als Teil eines Rechners müßten noch weitere Überlegungen, wie z.B. Laden der Automaten mit den Eingabematrizen, Mehrfachgenauigkeit, usw. angestellt werden, worauf hier -da nur das Prinzip des geeigneten Wanderns von Information interessiert- verzichtet wird.

Wir werden von Matrizen ausgehen, deren Elemente aus einem endlichen Bereich X der ganzen Zahlen stammen. G ist eine Klasse von je zwei Rechtecken. Zur Festlegung der zu untersuchenden Musterklasse sei die in Fig. 26 skizzierte Anordnung der Matrizen A und B vorgeschrieben.

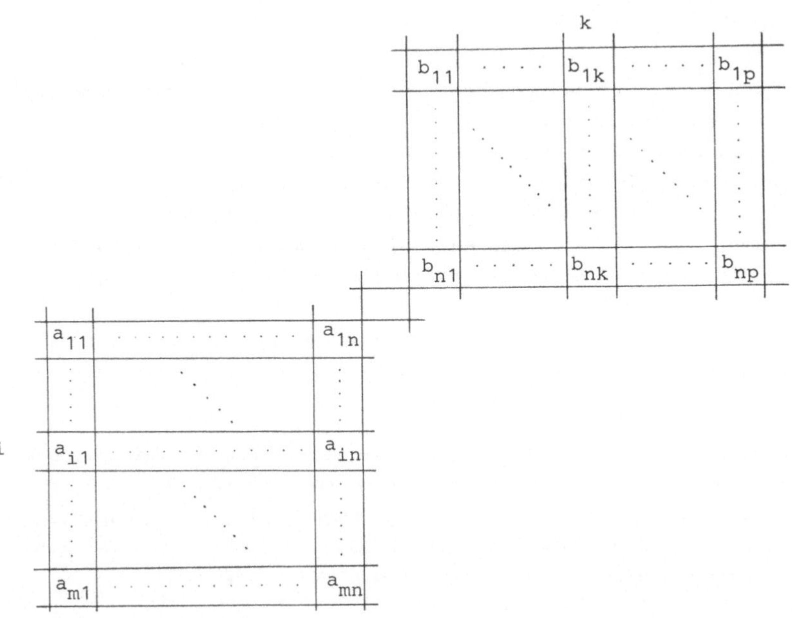

Fig. 26 Anordnung von Matrizen (zur Multiplikation)

Als f wird die identische Abbildung angenommen. Nach der Definition des mustermanipulierenden zellularen Automaten wird -da g nicht zusammenhängend ist- die Retina als minimaler Quader um die beiden Matrizen festgelegt.

Algorithmus 4.5: Gehen wir von einer (m,n)-Matrix A und einer (n,p)-Matrix B aus. Jeder Automat enthält drei Register zum Aufnehmen der Zahleninformation -von denen eines zum Speichern der Ausgangswerte bzw. der (Zwischen-)Ergebnisse dient (Hauptregister), während die beiden anderen die waagrecht und senkrecht zu verschiebende Information enthalten- und zwei weitere, um die Laufmarkierung und (evtl.) das Überlaufkennzeichen zu merken. Für den zellularen Automaten nehmen wir ein H_1-Raster an.

1) Die Zellen, die die erste Zeile (Spalte) von A (B) enthalten, identifizieren sich. (Dies ist nach der erwähnten Einbettung der Matrizen in die Retina offensichtlich möglich.) Sie übernehmen dazu eine Laufmarkierung (unterschiedlich nach Zeile und Spalte).

2) Die im jeweils vorherigen Schritt mit der Laufmarkierung versehene Zeile (Spalte) wird nach Osten (Süden) verschoben.
Außerdem werden in jedem Schritt die den jeweiligen markierten Zeilen (Spalten) nächsten Zeilen (Spalten) markiert.
Beim Zusammentreffen von Zeilen- und Spaltenelementen wird jeweils das Produkt gebildet, dieses wird auf die im Hauptregister der Zelle vorhandene Größe aufaddiert (als entsprechende Zustandsänderung realisiert; der Ruhezustand entspricht einer Null in jedem der drei Zahlenregister und keiner Markierung in den beiden anderen Registern), und die angekommenen Informationen werden im nächsten Schritt in die jeweils entsprechende Richtung weitergegeben. Wird der vorgegebene Zahlenbereich verlassen (auch zwischendurch), so wird das Überlaufkennzeichen gesetzt.

Betrachten wir das Element (i,k) der (m,p)-Ergebnismatrix, die sich in der geschilderten Weise im rechten unteren Teil der Retina aufbaut: Das Produkt $a_{in} \cdot b_{nk}$ liegt nach $i + k + 1$ Schritten vor, $a_{i1} \cdot b_{1k}$ -und damit das Ergebnis von (i,k) (nach der entsprechenden Addition)- nach $i + k + n$ Schritten.

Die Berechnung, d.h. die Mustertransformation, wird damit in Linearzeit erhalten. ::

Wir haben hierbei natürlich wieder arithmetische Fähigkeiten bei den Einzelautomaten vorausgesetzt, was bei nicht sehr kleinem $|X|$ eine riesige Übergangstafel erforderlich macht. Hier sollte aber auch nur das Prinzip erläutert werden; bei einer Realisierung würde man sicherlich eine Zahl in mehreren Einzelautomaten abspeichern und damit die Zustandszahl der Automaten in erträglichen Grenzen halten.

Unter den hier angenommenen Bedingungen -wobei wesentlich ist, daß die Matrizenelemente nicht mehrfach gespeichert werden- kann nach G e n t l e m a n [Gen] bewiesen werden, daß sich die Berechnung nur um einen (multiplikativen) Faktor verbessern läßt.

Im Zusammenhang mit der Behandlung arithmetischer Probleme sei noch angemerkt, daß S m i t h [Sm1] angibt, wie zwei Dualzahlen in einer Zeit, die kleiner als die Summe der Länge dieser Zahlen ist, in einem eindimensionalen Zellularautomaten multipliziert werden können.

4.3 Beispiele des Erkennens zweidimensionaler Muster

In diesem Abschnitt sollen einige Beispiele für zweidimensionale zellulare Automaten angegeben werden, die einfache Mustererkennungsfunktionen realisieren.

Dabei werden die "Resultatmusterklassen" Φ_α und Φ_ω in einfacher Weise festgelegt: Entscheidend wird im wesentlichen immer der Zustand einer bestimmten Zelle sein, im folgenden die in der linken oberen Ecke gelegenen Zelle, die sich ja dadurch eindeutig identifizieren kann (bei Vorgabe mindestens eines H_1-Rasters), daß ihr westlicher und nördlicher Nachbar jeweils Grenzzellen sind. Diese Zelle wollen wir auch als Annahmezelle bezeichnen. Φ_α und Φ_ω sind dann jeweils Muster, für die die Annahmezelle bestimmte Zustände annimmt, während die übrigen Zellen i.allg. eine beliebige Belegung (natürlich in Abhängigkeit von der Menge der Figuren, von der ausgegangen wird) aufweisen dürfen. Diese Festlegung geschieht im Hinblick auf Anwendungen: Es braucht nur eine Zelle beobachtet zu werden. Die Festlegung von Φ_α und Φ_ω kann auch im Hinblick darauf erfolgen, ob es von Interesse ist, nicht nur das Resultat ("gehört zur Klasse" bzw. "gehört nicht zur Klasse") zu erhalten, sondern aus der Endkonfiguration auf die Ausgangsfigur rückschließen zu können. Eine solche Entscheidung beeinflußt allerdings auch die Zustandszahl.

In den folgenden drei Algorithmen wird ausgegangen von der Menge der Figuren über $\{s, w\}$ auf der Klasse der $m \times n$ -Rechtecke. Im gesamten Abschnitt werden zellulare Automaten mit H_1-Raster betrachtet.

Im folgenden Algorithmus ist die Arbeitsweise eines $Fig_X(G)$-manipulierenden zellularen Automaten skizziert (nach [Bey]), der die Mustererkennungsfunktion für die Klasse von Mustern realisiert, für die gilt:

$$|\{ \underline{i} \ / \ \underline{i} \in R \wedge \psi(\underline{i}) = s\}| \equiv 0 \bmod 2$$

Φ_α (Φ_ω) ist die Klasse der Muster auf $m \times n$ -Rechtecken, deren Annahmezelle den Zustand α (resp. ω) annimmt und deren andere Zellen im Zustand § sind. -Hier wird auch deutlich, warum ein Φ über X' (und nicht über X) benötigt wird.- Das Erkennen geschieht in Durchmesserzeit.

Algorithmus 4.6: In jedem Schritt geben die Zellen, die nicht zur oberen Reihe der Retina gehören, ihre Zustandsinformation an ihren nördlichen Nachbarn weiter, während die Zellen der oberen Reihe diese Information an ihre westlichen Nachbarn senden. Treffen Informationen aus zwei s-Zellen in der oberen Reihe zusammen, so nimmt die entsprechende Zelle den Zustand w an; beim Eintreffen von einer oder drei s-Informationen (letzteres ist nur in der Annahmezelle möglich) geht die entsprechende Zelle in den Zustand s über. Auf diese Weise prüft die Annahmezelle auf Geradzahligkeit der Anzahl der s-Zellen.

Um zu wissen, wann dieser Prozeß zu beenden ist, wird im ersten Schritt in der südöstlichsten Zelle ein Signal § erzeugt, das sich über die gesamte Retina ausbreitet: Jede Zelle, in deren Nachbarschaft sich eine Zelle im Zustand § befindet, nimmt diesen Zustand an. Eine Ausnahme macht die Annahmezelle: Beim Eintreffen eines Zustandes § in ihrer Nachbarschaft nimmt sie, je nachdem, ob sie eine gerade oder ungerade Anzahl von Zuständen s "gezählt" hat, den Zustand α resp. ω an. ::

Bemerkung: Man sieht leicht ein, daß bei einer leichten Änderung des Algorithmus (einschließlich einer Vergrößerung der Zustandszahl) die ursprüngliche Konfiguration aus der Resultatkonfiguration rekonstruierbar wäre.

s	w	s
w	w	s
s	s	w

s	s	s
s	s	
		§

s		
		§
	§	§

s	·	§
	§	§
§	§	§

s	§	§
§	§	§
§	§	§

ω	§	§
§	§	§
§	§	§

Fig. 27 Beispiel zum Erkennen der Geradzahligkeit von s-Zellen

Wir wollen jetzt die Arbeitsweise eines $Fig_X(G)$-manipulierenden zellularen Automaten beschreiben, der Muster auf das Erfülltsein von $|\{\underline{i} \,/\, \underline{i} \in R \wedge \psi(\underline{i}) = s\}| > |\{\underline{i} \,/\, \underline{i} \in R \wedge \psi(\underline{i}) = w\}|$ prüft. Φ_α und Φ_ω sind die Klassen der Muster auf $m \times n$ -Rechtecken, deren Annahmezelle den Zustand α resp. ω annimmt, während die übrigen Zellen in beliebigen Zuständen sind. Der zellulare Automat erkennt die beschriebene Musterklasse in Linearzeit.

<u>Algorithmus 4.7</u>: Es werde zunächst $m < n$ vorausgesetzt. Weiterhin sei angenommen, daß jede Zelle in zwei Register (ein oberes und ein unteres) unterteilt ist.

1) In jeder Reihe werden die w-Zustände in den oberen Registern und die s-Zustände in den unteren Registern nach rechts geschoben (jeweils bis zum Anstoßen). Dieser Prozeß ist in Linearzeit realisierbar.

2) Die so erhaltenen unären Zahlen werden in Dualzahlen konvertiert und rechtsbündig gespeichert (mit dem am wenigsten signifikanten Bit am rechten Rand). Diese Umwandlungen benötigen $\leq n + \lceil \mathrm{ld}\, n \rceil$ Zeiteinheiten, so daß der Vorgang in $< 2n$ Zeiteinheiten abgeschlossen ist. Diese Zählung wird durch einen speziellen Impuls, der die Reihen je zweimal durchläuft, vorgenommen. Danach beginnt 3).

3) Die gebildeten Dualzahlen werden nach oben verschoben: Die jeweils zwei Register der Zellen der obersten Reihe werden als Akkumulatoren benutzt, und in ihnen werden die entsprechenden Anzahlen von w- und s-Zellen aufaddiert. Dazu müssen die Zahlen der m-ten Reihe abgewartet werden. Außerdem ist der Übertrag abzuarbeiten, wozu $\lceil \mathrm{ld}(mn) \rceil$ zusätzliche Zeiteinheiten erforderlich sind. Deshalb ist es auf jeden Fall ausreichend, bis $3n$ zu zählen (analog zu 2)); danach ist die Summenbildung abgeschlossen und 4) beginnt.

4) In der obersten Reihe wird dann die Differenz zwischen den beiden Registerreihen gebildet, und das Ergebnis wird der Annahmezelle mitgeteilt.

Die Einschränkung $m < n$ kann fallengelassen werden, wenn das mögliche "Überlaufen" bei der Addition berücksichtigt wird: Die Schritte 1) - 4) werden gleichzeitig für Zeilen <u>und</u> Spalten ausgeführt. Tritt bei einem derartigen Versuch ein Überlauf auf, so wird das Ergebnis des entsprechenden Schrittes 4) "nicht gewertet". Eine Sonderbehandlung verlangen noch die Fälle $m = n$: Da der Überlauf höchstens eine Stelle betragen kann, muß die Annahmezelle entsprechend ausgelegt werden. ::

<u>Bemerkungen</u>: 1) Das Verfahren funktioniert auch für Prüfungen auf " = " und " < " .
2) Die Zustandszahl läßt sich verringern, wenn man S m i t h [Sm4] folgend, s-Zellen nach links und w-Zellen nach rechts verschiebt.
3) Für entsprechende eindimensionale Musterklassen läßt sich ein eindimensionaler zellularer Automat konstruieren, der die Erkennung in Realzeit durchführt.

Zur Formulierung des nächsten Problems benötigen wir noch einige Bezeichnungen:

<u>Definition 4.8</u>: Sei $X = \{s, w\}$, G die Klasse der $m \times n$ -Rechtecke und $Fig_X(G)$ die Menge der Figuren über X auf G .
1) Für alle $\underline{i} \in g$ mit $\psi(\underline{i}) = s$ sei definiert:
$S'(\underline{i}) := \{\underline{k} \;/\; \psi(\underline{k}) = s \wedge \underline{i}$ und $\underline{k}$ sind benachbart bez. $H_1\}$

$$S := \{ S'(\underline{i}) \;/\; \underline{i} \in g \}$$

Die Teilmengen von S heißen Komponenten.
2) Für alle $\underline{i} \in g$ mit $\psi(\underline{i}) = w$ sei definiert:
$W'(\underline{i}) := \{\underline{k} \;/\; \psi(\underline{k}) = w \wedge \underline{i}$ und $\underline{k}$ sind benachbart bez. $M_1\}$

$$W := \{ W'(\underline{i}) \;/\; \forall\, \underline{k} \in W'(\underline{i}) : \underline{k} \notin (\bar{g} + H_1) \cap g\}$$

Die Elemente der Klasse W heißen Löcher.
3) Eine Komponente resp. ein Loch heißen isoliert, wenn sie nur jeweils eine Zelle enthalten, andernfalls nichtisoliert.
4) $U := \{\underline{k} \;/\; \psi(\underline{k}) = w \wedge \neg\exists\, W'(\underline{i}) \in W : \underline{k} \in W'(\underline{i})\}$
U heißt Hintergrund.

5) $\eta := |S| - |W|$. η heißt Eulerzahl einer Figur.

Fig. 28 stellt ein Beispiel zur obigen Definition dar. Darin entsprechen schraffierte Felder s-Zellen, während w-Zellen nicht gekennzeichnet sind. Das Muster enthält drei Komponenten, von denen eine isoliert ist und zwei Löcher. Die Eulerzahl dieser Figur ist gleich 1.

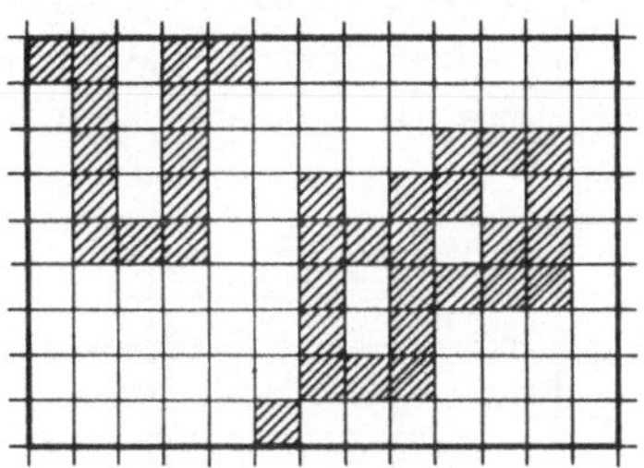

Fig. 28 Beispiel zu Definition 4.8

Der im folgenden skizzierte zellulare Automat (nach [Bey]) erkennt in Linearzeit die Musterklassen, deren Eulerzahl >0 ist.

Algorithmus 4.8: Zunächst sei folgendes festgestellt: Läuft man in der "äußeren Schicht" einer Komponenten entgegen dem Uhrzeigersinn bis zum Ausgangspunkt, so muß man insgesamt vier Linkswendungen mehr als Rechtswendungen ausführen. Zählt man nicht alle Richtungsänderungen, sondern nur diejenigen Linkswendungen, durch die eine Änderung von Norden nach Westen erfolgt, und nur diejenigen Rechtswendungen, durch die sich eine Änderung von Westen nach Norden ergibt, so ist ein "Überschuß" von genau einer Linkswendung zu beobachten. Diese Nord-nach-West- und West-nach-Nord-Änderungen können nur an folgenden "Ecken" der Komponenten, die mit L und R bezeichnet werden, auftreten:

L:

w	
s	w

R:

s	w
s	s

Eine äußere Schicht einer Komponenten weist damit eine L-Ecke mehr als R-Ecken auf, während eine innere Schicht einer Komponenten (um ein Loch) genau eine R-Ecke mehr als L-Ecken enthält. Die absolute Differenz zwischen der Anzahl der L- und R-Ecken einer Komponenten gibt gerade die Differenz zwischen der Anzahl der äußeren und inneren Schichten und damit die Euler-Zahl einer Komponenten an.

Wird nun in einem ersten Schritt die Identifikation der L- und R-Ecken vorgenommen -dies ist ja lokal in zwei Zeiteinheiten möglich-so braucht anschließend nur festgestellt zu werden, ob die Anzahl der L-Ecken größer als die Anzahl der R-Ecken ist. Nach dem zuletzt skizzierten Algorithmus ist das aber in Linearzeit möglich.::

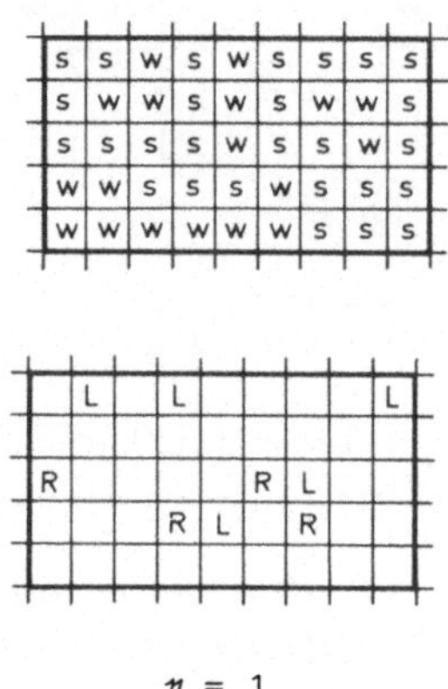

Fig. 29 Beispiel zur Bestimmung der Eulerzahl einer Figur

Zum Schluß dieses Abschnitts sei noch ein Problem angegeben, von dem man zunächst vermuten könnte, daß das Erkennen nur in Produktzeit erfolgt.

Hier wird ausgegangen von der Menge der Figuren über $\{b, e, s, w\}$ auf der Klasse der $m \times n$ -Rechtecke. Figuren, die jeweils genau ein b und ein e enthalten, heißen Labyrinthe. Ein Labyrinth heißt lösbares Labyrinth, wenn es genau einen Pfad von Automaten im Zustand s zwischen dem Automaten im Zustand b und dem Automaten im Zustand e gibt und dieser Pfad nur die Dicke 1 hat; die Automaten im Zustand b und e können benachbart bez. $H_1^{(2)}$ sein. Wir wollen hier der Einfachheit halber annehmen, daß Automaten des Pfades nicht benachbart bez. $H_1^{(2)}$ zu Grenzzellen auftreten dürfen. Solche Einschränkungen können sich auf die Anzahl der Zustände im zellularen Automaten, der zur Ausführung entsprechender Algorithmen vorgesehen ist, auswirken (siehe z.B. [Dra]). Die Benennung entspricht nicht ganz dem, was man intuitiv erwartet, da z.B. Kreuzungen und Sackgassen ausgeschlossen sind.

Der folgende zellulare Automat mit H_1-Raster erkennt in Umfangzeit die beschriebene Klasse der lösbaren Labyrinthe (nach [Bey]).

<u>Algorithmus 4.9</u>: Im ersten Schritt gehen s-Zellen genau dann in den Zustand a über, falls genau zwei ihrer Nachbarn in Zuständen aus {b, e, s} sind. b- (e-) Zellen nehmen den Zustand $\bar{b}$ ($\bar{e}$) an, falls sich genau ein Nachbar in einem Zustand aus {s, e} bzw. aus {s, b} befindet. s- , b- und e-Zellen, auf die dies nicht zutrifft, gehen in den Zustand r über.

In den folgenden Schritten senden $\bar{b}$- , $\bar{e}$- und r-Zellen entsprechende Impulse nach Westen, und zwar sendet jede Zelle ihren Zustand einmal aus und wirkt danach lediglich als Übermittler. Die Automaten in der ersten Spalte der Retina (sie befinden sich nach unserer obigen Annahme zum Anfangszeitpunkt alle im Zustand w) nehmen zunächst den Zustand an, der evtl. ankommenden Impulsen entspricht. Treffen danach weitere Impulse ein, so erfolgen die Übergänge nach den folgenden Regeln:

vorhanden	ankommend	neu
$\bar{b}$	$\bar{b}$	r
$\bar{e}$	$\bar{e}$	r
$\bar{b}$	$\bar{e}$	a
$\bar{e}$	$\bar{b}$	a
a	$\bar{b}$	r
a	$\bar{e}$	r
beliebig	r	r
r	beliebig	r

Im ersten Schritt sendet die südöstlichste Zelle -unabhängig von ihrem sonstigen Verhalten- einen Sammelimpuls aus, der im Uhrzeigersinn am Rand entlangläuft. Trifft er (in den Automaten am linken Rand) auf eine $\bar{b}$-, $\bar{e}$-, a- oder r-Zelle, so läuft er in dem entsprechenden Zustand weiter. Werden weitere Automaten in den genannten Zuständen erreicht, so verhält er sich sinngemäß zu oben, wobei noch zu ergänzen ist, daß er aus Zuständen a , $\bar{b}$, $\bar{e}$ beim Antreffen von a in den Zustand r wechselt.

Annahmekonfigurationen liegen vor, wenn die Annahmezelle (der nordwestlichste Automat) vom Sammelimpuls in den Zustand a versetzt wird, andernfalls, d.h. wenn sie in den Zustand r überführt wird oder vom unveränderten Sammelimpuls erreicht wird (dies ist möglich, wenn alle Automaten des linken Randes im Zustand w verbleiben), gehört die Figur nicht der Klasse der lösbaren Labyrinthe an. ::

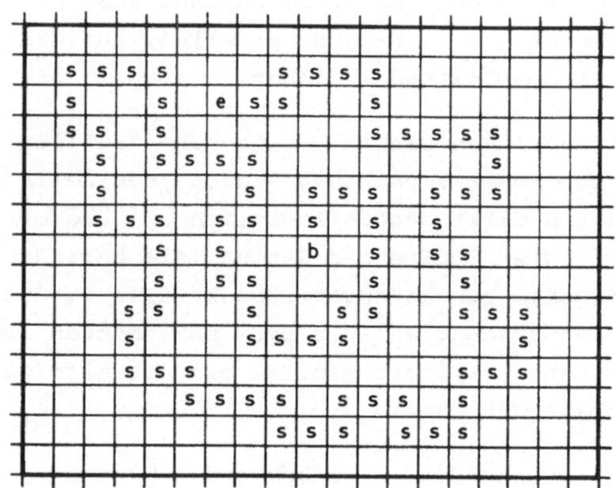

Fig. 30 Beispiel eines lösbaren Labyrinthes
(w-Zellen sind nicht gekennzeichnet)

4.4 Hinweise auf weitere Literatur

Hier sei noch kurz auf einige andere Ansätze im Zusammenhang mit Problemen der Mustertransformation und -erkennung hingewiesen.

N i s h i o [Ni2] beschreibt einen eindimensionalen zellularen Automaten mit H_1-Raster, der Sortierungen vornimmt: n k-stellige Dualzahlen sind, durch Sonderzeichen getrennt, plus einer von k abhängigen Zahl von Zellen in der Retina enthalten. Der Vergleich verläuft in vier Phasen mit vier verschiedenen Überführungsfunktionen; die Wechsel zwischen den Überführungsfunktionen werden mit Hilfe von FSSP-Algorithmen bewirkt. Streng genommen liegt hier ein Mosaikautomat vor; durch eine Vergrößerung der Zustandsmenge ist es jedoch möglich, daraus einen zellularen Automaten (mit einer Überführungsfunktion) zu konstruieren. Das Resultat (die Zahlen der Größe nach geordnet) wird in ungefähr $3kn$ Zeiteinheiten erhalten.

T a k a c s [Tak] beschreibt einen zweidimensionalen zellularen Automaten, der die größte Zahl aus einer Menge gegebener Zahlen bestimmt. Streng genommen liegt auch hier kein zellularer Automat vor, die Konstruktion läßt sich jedoch entsprechend modifizieren. Ausgehend von der oben erwähnten Konstruktion von C o d d [Cod] wird mit entsprechend veränderter Überführungsfunktion ein zellularer Automat entworfen. Die eigentliche Festlegung der Arbeitsweise geschieht durch die Anfangskonfiguration, die auch eine Beschreibung der zu betrachtenden Menge von n k-stelligen Dualzahlen enthält. Das Ergebnis ist an einer bestimmten Stelle des zellularen Automaten zu finden. Bemerkenswert an dieser Arbeit ist, daß eine explizite Konstruktion angegeben wird, im Gegensatz zu fast allen anderen Arbeiten, wo nur die Lösungsprinzipien skizziert werden.

P e c h t [Pe3] modifiziert den Begriff der Realzeiterkennung (und erweitert ihn auf beliebige Dimensionen), indem er von der Überlegung ausgeht, daß jeder Automat eines zellularen Raumes in einer Anzahl von Schritten nur ein Teilgebiet des Raumes (in Abhängigkeit vom Nachbarschaftsindex N) erfassen und folglich seine Entscheidung auch nur davon abhängig machen kann. Es werden deshalb nur Konfigurationen betrachtet, die ein solches Gebiet (vollständig) ausfüllen. Teilmengen solcher Belegungen (mit Symbolen aus einem Alphabet A) heißen N-A-Sprachen.
Eine N-A-Sprache L wird N-erkennbar genannt, wenn es einen zellularen Raum (A', d, N, F) mit $A \subseteq A'$ und $A \supseteq A''$ gibt, derart, daß beim Vorliegen einer Konfiguration c der genannten Art, wobei $tr(c) = kN$, der Automat in $\underline{O}$ nach k Schritten genau dann einen (Akzeptor-)Zustand (aus A'') annimmt, wenn $c \in L$. Es werden verschiedene hinreichende bzw. notwendige Bedingungen für die N-Erkennbarkeit von N-A-Sprachen angegeben. Z.B. gibt es für jedes Raster N (beliebiger Dimension) eine dichtpackende Ab-

bildung, so daß für jede reguläre Sprache die in ON, 1N, ..., kN gepackte Sprache N-erkannt werden kann.

5. Erkennung formaler Sprachen in iterativen Arrays und in zellularen Automaten

Während es bei der Erkennung zweidimensionaler Muster sinnvoll erscheint, zu verlangen, daß ein entsprechendes Muster zum Anfangszeitpunkt im Automaten vorliegt, ist das beim Analysieren formaler Sprachen nicht unbedingt so. Formale Sprachen können einerseits als eindimensionale (statische) Musterklassen aufgefaßt werden (erwähnt sei z.B. die Klasse der Palindrome über einem Alphabet), andererseits stellen sie ja auch Modelle für natürliche Sprachen dar - und von diesen erwartet man ein zeitlich aufeinanderfolgendes Eintreffen der "Zeichen".

In diesem Kapitel wollen wir eingehender iterative Arrays betrachten, die sich für die Analyse formaler Sprachen in der zuletzt genannten Auffassung anbieten.

Die Klasse der von zellularen Automaten erkennbaren Sprachen läßt sich leicht bestimmen: Sie fällt mit der Klasse der deterministischen contextsensitiven Sprachen zusammen. Dies ist durch eine Simulation zellularer Automaten durch deterministische linear-beschränkte Automaten und die Umkehrung beweisbar (siehe Proposition 4.1 und [Sm5] , wo eine entsprechende Aussage für contextsensitive Sprachen über nichtdeterministische zellulare Automaten -eine naheliegende Verallgemeinerung der hier eingeführten zellularen Automaten- bewiesen wird).

Von Realzeiterkennbarkeit in eindimensionalen zellularen Automaten und in iterativen Arrays sprechen wir, wenn das Resultat nach einer Zeit, die gleich der Länge des vorgelegten Wortes ist, vorliegt. Es läßt sich zeigen, daß es zu einer Sprache, die in Realzeit von einem iterativen Array erkannt wird, einen zellularen Automaten gibt, der diese Sprache in Realzeit erkennt. Andererseits hat C o l e [Col] eine contextfreie Sprache angegeben, für die es keinen iterativen Array (beliebiger Dimension) gibt, der diese Sprache in Realzeit erkennt. Der Beweis erfolgt über die Abschätzung der verschiedenen Äquivalenzklassen nach einer Relation, die der von N e r o d e entspricht. Da es aber nach S m i t h [Sm5] einen (sogar eindimensionalen) zellularen Automaten gibt, der diese Sprache in Realzeit erkennt, ist die Klasse der von zellularen Automaten in Realzeit erkennbaren Sprachen echt größer als die Klasse der von iterativen Arrays in Realzeit erkennbaren Sprachen. Es gibt andererseits aber auch contextsensitive, nicht contextfreie Sprachen, die in Realzeit von iterativen Arrays (sogar eindimensionalen) erkennbar sind.

Die Beziehungen zwischen iterativen Arrays und contextfreien Sprachen sind durch ein Ergebnis von K o s a r a j u [Ku2] weitgehend geklärt: In zweidimensionalen iterativen Arrays können contextfreie Sprachen in Linearzeit erkannt werden. Ob dieses Resultat in zellularen Automaten verbesserbar ist, d.h. ob Realzeit erreichbar ist, ist noch offen.

5.1 Definitionen und Bezeichnungen für iterative Arrays

Iterative Arrays sind, grob gesprochen, Mosaikstrukturen mit einer ausgezeichneten Ein-Ausgabe-Zelle (hier sei dies die Zelle $\underline{0}$), wodurch sich die Verwendung globaler Transformationen in ihrer allgemeinsten Form verbietet. Iterative Arrays wurden -in einer etwas anderen Weise als der hier zu beschreibenden- von C o l e [Col] eingeführt.

Mit den Bezeichnungen von 1. definieren wir:

Definition 5.1: Sei $\mathfrak{A} = (A, d, N, I)$ Mosaikstruktur, X Alphabet, und sei $|\tilde{N}| = n$. $\sigma : A^n \to A$ und $\sigma_0 : X \times A^n \to A$ seien Abbildungen.
Für alle $x \in X$ heißt $\tau_x : C \to C$ iterative Transformation, wenn gilt:

$$\tau_x(c(\underline{i})) = \begin{cases} \sigma_0(x, c^n(\nu_N(\underline{i}))) & , \text{ falls } \underline{i} = \underline{0} \\ \sigma(c^n(\nu_N(\underline{i}))) & , \text{ sonst} \end{cases}$$

Bemerkung: Die τ_x lassen sich i.allg. nicht als globale Transformationen auffassen.

Definition 5.2: $\mathfrak{A} = (A_X, d, N, I_X)$ heißt iterativer Array, falls $\mathfrak{A}$ Mosaikstruktur ist, für die gilt:
a) $A_X = A \cup X$, wobei A und X Alphabete sind, die resp. Zu-

stands- und Eingabealphabet von $\mathfrak{a}$ genannt werden.

b) $I_X := \{\tau_x \,/\, x \in X\}$. $\tau_X: X \times C \to C$, definiert durch $\tau_X(x, c) := \tau_x(c)$ für alle $x \in X$ und $c \in C$ wird auch als iterative Überführungsfunktion bezeichnet.

c) Es existiert ein $z_o \in A$, so daß für alle $x \in X$ gilt:

$$\forall \underline{i}\ (\underline{i} \in \mathbb{Z}^d \setminus \{\underline{O}\} \wedge \nu_N(c(\underline{i})) = \underbrace{(z_o, \ldots, z_o)}_{|\tilde{N}|\text{-mal}}) : (\tau_x c)(\underline{i}) = c(\underline{i})$$

z_o heißt Ruhezustand von $\mathfrak{a}$.

Es gilt außerdem: $\forall \underline{i} \in \mathbb{Z}^d: c_o(\underline{i}) = z_o$

Interpretation: Ein iterativer Array entspricht einem Zellularraum mit dem Unterschied, daß die Ein-Ausgabe-Zelle $\underline{O}$ ihren Zustand -außer von den Zuständen ihrer Nachbarn- auch von der Eingabe aus der Außenwelt abhängig machen kann. Wir wollen hier annehmen, ohne daß dies explizit ausgedrückt wurde, daß zu jedem Zeitpunkt eine "neue" externe Eingabe "eingelesen" wird. Darauf könnte verzichtet werden (wie in [Col]), für die hier benötigten Zwecke ist dies aber nicht erforderlich.

Hier sei eine Modifikation iterativer Arrays, die von S e i f e r a s [Ss1] untersuchten iterativen Arrays mit direkter zentraler Steuerung, erwähnt, die sich nicht als Mosaikstruktur in der hier betrachteten Weise verstehen lassen: Jeder ihrer Einzelautomaten hat den ausgezeichneten Ein-Ausgabe-Automaten (im Nullpunkt) zum Nachbarn (aber <u>nicht</u> umgekehrt), und damit hat jeder der Einzelautomaten einen anderen Nachbarschaftsindex. S e i f e r a s weist nach, daß diese Struktur gegenüber den oben definierten iterativen Arrays nur um einen multiplikativen Faktor schneller ist.

Wir werden iterative Arrays im folgenden zur Analyse formaler Sprachen benutzen. Dies bedeutet vom theoretischen Gesichtspunkt her keine Einschränkung, da beliebige Muster eindimensional codiert werden können - allerdings leidet darunter i.allg. die Erkennungsgeschwindigkeit.

Eine formale Sprache L über X kann betrachtet werden als Musterklasse über X auf dem eindimensionalen einfach-zusammenhängenden Gebiet G ; wir werden deshalb G jeweils in den Bezeichnungen weglassen.

Definition 5.3: Sei $\Psi_X(P)$ formale Sprache über X (bez. P). Ein iterativer Array $\mathfrak{J}(\Psi_X(P)) = (A_{\bar{X}}, d, N, I_{\bar{X}})$, für den gilt:

$$A_{\bar{X}} = A' \cup (X \cup \{\#\}) \quad \text{mit } A' \supset \{\alpha, \omega\}$$

heißt $\Psi_X(P)$ -manipulierender iterativer Array.

Bemerkungen: 1) Es ist zu beachten, daß hier (im Gegensatz zu mustermanipulierenden zellularen Automaten) die Dimension d des Arrays von der "Dimension" der Musterklasse (= 1) unabhängig ist. Außerdem wird der mustermanipulierende iterative Array zunächst nicht als beschränkt vorausgesetzt.
2) Das Symbol # werden wir als Füllsymbol benutzen, das am Ende des jeweiligen Wortes als externe Dauereingabe anliegt.
$\{\alpha, \omega\}$ wird zur Definition der hier spezieller als bei zellularen Automaten festgelegten Teilklassen Φ_α und Φ_ω benötigt.

Definition 5.4: Sei $W_X^\# := W(X)W(\{\#\})$ und $\Psi_X(P)$ formale Sprache über X.

1) Ein $W_X^\#$ -manipulierender iterativer Array $\mathfrak{J}$ nimmt $\Psi_X(P)$ an, falls gilt:
   $\forall \psi \in W(X): ((\exists t \in \mathbb{N}: \forall k \in \mathbb{N}_0: c_{t+k}(\underline{O}) = \alpha) \Leftrightarrow \psi \in \Psi_X(P))$
   Wir schreiben dann abgekürzt: $\mathcal{L}_\alpha(\mathfrak{J}) = \Psi_X(P)$ und nennen $\mathfrak{J}$ den IA-Akzeptor für $\Psi_X(P)$.
2) Ein $W_X^\#$ -manipulierender iterativer Array $\mathfrak{J}$ erkennt $\Psi_X(P)$, falls gilt:
   $$\forall \psi \in \Psi_X(P): \exists t \in \mathbb{N}: \forall k \in \mathbb{N}_0: c_{t+k}(\underline{O}) = \alpha$$
   $$\forall \psi \notin \Psi_X(P): \exists t \in \mathbb{N}: \forall k \in \mathbb{N}_0: c_{t+k}(\underline{O}) = \omega$$
   Wir schreiben dann abgekürzt: $\mathcal{L}_{\alpha\omega}(\mathfrak{J}) = \Psi_X(P)$ und nennen $\mathfrak{J}$ den IA-Erkenner für $\Psi_X(P)$.

Bemerkung: Wie man leicht sieht, haben diese Definitionen die analoge Form zu denen für zellulare Automaten, abgesehen von der Notwendigkeit, die Muster u.U. mit # aufzufüllen, und der spezialisierten Festlegung von Φ_α und Φ_ω.

Definition 5.5: Sei $\Psi_X(P)$ formale Sprache über X, $W_X^\# := W(X)W(\{\#\})$ und $\mathfrak{J}$ $W_X^\#$ -manipulierender iterativer Array.

1) $\mathfrak{J}$ sei IA-Akzeptor für $\Psi_X(P)$. Dann nimmt $\mathfrak{J}$ ein beliebiges $\psi \in \Psi_X(P)$ in der Zeit t an, falls t das minimale t aus Definition 5.4.1) ist. $\mathfrak{J}$ nimmt $\Psi_X(P)$ in Realzeit an, falls

für alle $\psi \in \Psi_X(P)$ $\mathfrak{J}$ ψ in der Zeit $|\psi|$ annimmt, wobei $|\psi|$ dabei, wie üblich, die Länge des Wortes ψ bezeichne.
$\mathfrak{J}$ nimmt $\Psi_X(P)$ in Linearzeit an, falls für alle $\psi \in \Psi_X(P)$ $\mathfrak{J}$ ψ in einer Zeit $\leq k|\psi|$ für $k \in \mathbb{N}$ annimmt.

2) Analoge Bezeichnungen werden verwandt, wenn $\mathfrak{J}$ IA-Erkenner für $\Psi_X(P)$ ist.

Bemerkung: Das leere Wort kann wegen der Festlegung, daß zum Anfangszeitpunkt alle Zellen im Ruhezustand sein sollen, nicht in einer von einem iterativen Array in Realzeit angenommenen oder erkannten Sprache enthalten sein.

5.2 Erkennung contextfreier Sprachen in iterativen Arrays

Der folgende Algorithmus zur Erkennung contextfreier Sprachen in iterativen Arrays basiert auf einem Analyseverfahren von Y o u n g e r [You], das deshalb vorweg etwas näher beschrieben wird. Mit ihm ist die Erkennung contextfreier Sprachen in Turingmaschinen in einer Zeit cn^3, wobei $c \in \mathbb{N}$ und n die Länge des vorgelegten Wortes ist, möglich.

Sei $G = (V_N, V_T, X_o, F)$ eine e-freie contextfreie Grammatik in Chomskyscher Normalform (siehe z.B. [Sal]), d.h.
$(u \to v) \in F \Rightarrow (u \in V_N \wedge ((v \in W(V_N)$ mit $|v| = 2) \vee (v \in V_T)))$

Dann wird bei Vorlage eines Wortes $w = x^1x^2\ldots x^n$, wobei $x^i \in V_T$ $(i = 1,\ldots, n)$, eine $n \times n$ - Erkennungsmatrix EM nach folgenden Vorschriften konstruiert:

$$EM(i, i) := \{X \,/\, X \in V_N \wedge (X \to x^i) \in F\} \qquad i = 1, 2, \ldots, n;$$

für $1 \leq i < j \leq n$ gilt

$$EM(i, j) := \bigcup_{i \leq k < j} \{X/\ X \in V_N \wedge (X \to UV) \in F \wedge U \in EM(i,k) \wedge V \in EM(k+1,j)\}$$

Wird mit $L(G)$ die von G erzeugte Sprache bezeichnet, so gilt:
$w \in L(G) \Leftrightarrow X_o \in EM(1, n)$.

Für jedes Element (i, j) der Matrix werden alle Möglichkeiten des Erzeugens der Kette $x^i\ldots x^j$ in Betracht gezogen. Gilt $i < j$, so wird geprüft, ob Produktionen $X \to UV$ so vorliegen, daß

entweder $U \overset{*}{\Rightarrow} x^i \quad \wedge V \overset{*}{\Rightarrow} x^{i+1}\ldots x^j$
oder $U \overset{*}{\Rightarrow} x^ix^{i+1} \quad \wedge V \overset{*}{\Rightarrow} x^{i+2}\ldots x^j$

. . . . .

oder $U \overset{*}{\Rightarrow} x^i \ldots x^{j-1} \wedge V \overset{*}{\Rightarrow} x^j$
gilt.

Wenn wir als Abkürzung einführen

$$\langle i,j \rangle := EM(i, j),$$

erhalten wir

$$\langle i,j \rangle = \bigcup_{i \leq k \leq j} \langle i,k \rangle * \langle k+1,j \rangle \qquad \text{für} \quad 1 \leq i < j \leq n ,$$

wobei $A * B := \{X \; / \; U \in A, \; V \in B\colon (X \to UV) \in F\}$.
Die Reihenfolge der Berechnung der Matrixelemente ist durch diese Vorgehensweise festgelegt: $\langle i,i \rangle$, $\langle i,i+1 \rangle$, ...

Im folgenden ist in einer geringfügig modifizierten Fassung der Algorithmus von K o s a r a j u [Ku2] beschrieben, der die Arbeitsweise eines IA-Erkenners für e-freie contextfreie Sprachen angibt.

Algorithmus 5.1: Wir benutzen einen zweidimensionalen iterativen Array, der in der im untenstehenden Beispiel beschriebenen Art bezeichnet werde.

Die Eingabe erfolgt -wie erwähnt- in die Zelle $\underline{0}$. Es liegt ein M_1-Raster vor.

Jede Zelle sei in Register a1, a2, st, inh, v_1, v_2, v_3, h_1, h_2, h_3 unterteilt, wobei uns die drei ersten im wesentlichen nur in der Vorbereitungsphase des Algorithmus interessieren. Der iterative Array muß natürlich in Abhängigkeit von der zu betrachtenden Grammatik konstruiert werden. Die beiden Register a1 und a2 speichern Elemente aus V_T , den Symbolen des Eingabewortes. st ist ein Steuerregister. Die restlichen sieben Register sind so ausgelegt, daß sie Elemente aus $\mathcal{P}(V_N) \cup \{-\}$ aufnehmen können. Zu Beginn enthalten diese Register, außer inh , das Symbol - , inh dagegen $\emptyset$. Der Ruhezustand ist entsprechend festgelegt.

Der Algorithmus umfaßt mehrere Phasen:
1) Die in (0,0) eintreffenden Symbole x^i $(1 \leq i \leq n)$ werden mit der Geschwindigkeit 1/2 (unter Benutzung der Register a1 und a2) auf der Diagonalen nach oben weitergeschoben. Beim Eintreffen

des ersten # wird ein Signal λ mit der Geschwindigkeit 1 nachgeschickt, das diesen Prozeß stoppt. Gleichzeitig mit λ wird von (0,0) ein Signal μ gestartet, das mit Einheitsgeschwindigkeit die Zellen (0,1), (0,2), ... durchläuft und dort eine Markierung hinterläßt. Das λ-Signal bewirkt zugleich, daß $\langle i,i\rangle$ berechnet und in inh der betreffenden Zelle (i-1,i-1) gespeichert wird.

Das λ-Signal kehrt (nachdem es die Zelle (n,n) im Ruhezustand antrifft) zur Zelle (n-1,n-1) zurück und läuft nach links. Trifft es auf eine durch das μ-Signal markierte Zelle, so erhält diese eine Sondermarkierung (dies ist die Zelle (0,n-1)).

Die Eingabe weiterer # wird ignoriert.

2) In den Registern st der Zellen (i,i) , $0 \leq i \leq n-1$, wird mit (n-1,n-1) als General (im (2n+2)-ten Schritt) ein FSSP-Algorithmus gestartet. Simultan mit dem Übergang in den "Feuer"-Zustand wird der Inhalt der Register inh in die entsprechenden Register v_3 und h_3 kopiert.

Die Phasen 1) und 2) sind nach 4n Schritten abgeschlossen.

3) In dieser Phase berechnet jede Zelle (i,j) $\langle i+1,j+1\rangle$ mit Hilfe der aus den Zellen (i,j-1) und (i+1,j) empfangenen Informationen. Zu Beginn dieser Phase enthalten alle jetzt interessierenden Register der Zellen (i-1,i-1) das Folgende:

v_1 : -	h_1 : -	inh : $\langle i,i\rangle$
v_2 : -	h_2 : -	
v_3 : $\langle i,i\rangle$	h_3 : $\langle i,i\rangle$	

Für alle anderen Zellen gilt:

v_1 , v_2 , v_3 , h_1 , h_2 , h_3 : - inh : $\emptyset$

Die folgenden Übergänge werden in einem Schritt vorgenommen: Die oberen u und r geben an, daß Informationen aus unteren und rechten Nachbarn benutzt wurden; z.B. bezeichnet für eine Zelle (i,j) v_k^u das Register v_k der Zelle (i,j-1) und h_k^r das Register h_k der Zelle (i+1,j) .

$$v_1 := \begin{cases} v_2^u & \text{falls } v_2^u \neq - \\ v_3^u & \text{falls } v_2^u = - \wedge v_3^u \neq - \\ - & \text{sonst} \end{cases}$$

$$v_2 := v_1$$

$$v_3 := \begin{cases} v_3^u & \text{falls } v_2^u \neq - \\ - & \text{falls } v_2^u = - \wedge v_3^u \neq - \\ inh & \text{falls } v_2^u = v_3^u = - \wedge v_1 \neq - \\ - & \text{sonst} \end{cases}$$

$$h_1 := \begin{cases} h_2^r & \text{falls } v_2^u \neq - \\ h_3^r & \text{falls } v_2^u = - \wedge v_3^u \neq - \\ - & \text{sonst} \end{cases}$$

$$h_2 := h_1$$

$$h_3 := \begin{cases} h_3^r & \text{falls } v_2^u \neq - \\ - & \text{falls } v_2^u = - \wedge v_3^u \neq - \\ inh & \text{falls } v_2^u = v_3^u = - \wedge v_1 \neq - \\ - & \text{sonst} \end{cases}$$

$$inh := \begin{cases} inh \cup v_2^u * h_3^r \cup v_3^u * h_2^r & \text{falls } v_2^u \neq - \\ inh \cup v_3^u * h_3^r & \text{falls } v_2^u = - \wedge v_3^u \neq - \\ inh & \text{sonst} \end{cases}$$

Am Ende dieser Phase -nach 2n-2 weiteren Übergängen- (genaue Zeitbetrachtungen finden sich in [Ku2])enthalten die Register v_1 , v_2 , v_3 , h_1 , h_2 , h_3 jeweils - , und im Register inh steht $\langle i,j \rangle$ (für alle Zellen (i,j) , wobei $0 \leq i \leq j \leq n-1$).

4) Die Zelle (0,n-1) erkennt das Ende der Phase 3) daran, daß sich der Inhalt der Register v_i , h_i $(1 \leq i \leq 3)$ und inh nicht mehr ändert, wobei $inh = \emptyset$ sein kann. Sie überprüft dann, ob gilt $X_o \in \langle 1,n \rangle$ und sendet, je nach dem Ergebnis, ein Signal zur Zelle $\underline{0}$, das diese in den Zustand α resp. ω versetzt.

Der Zeitbedarf für diesen Algorithmus ist damit $< 7n$. ::

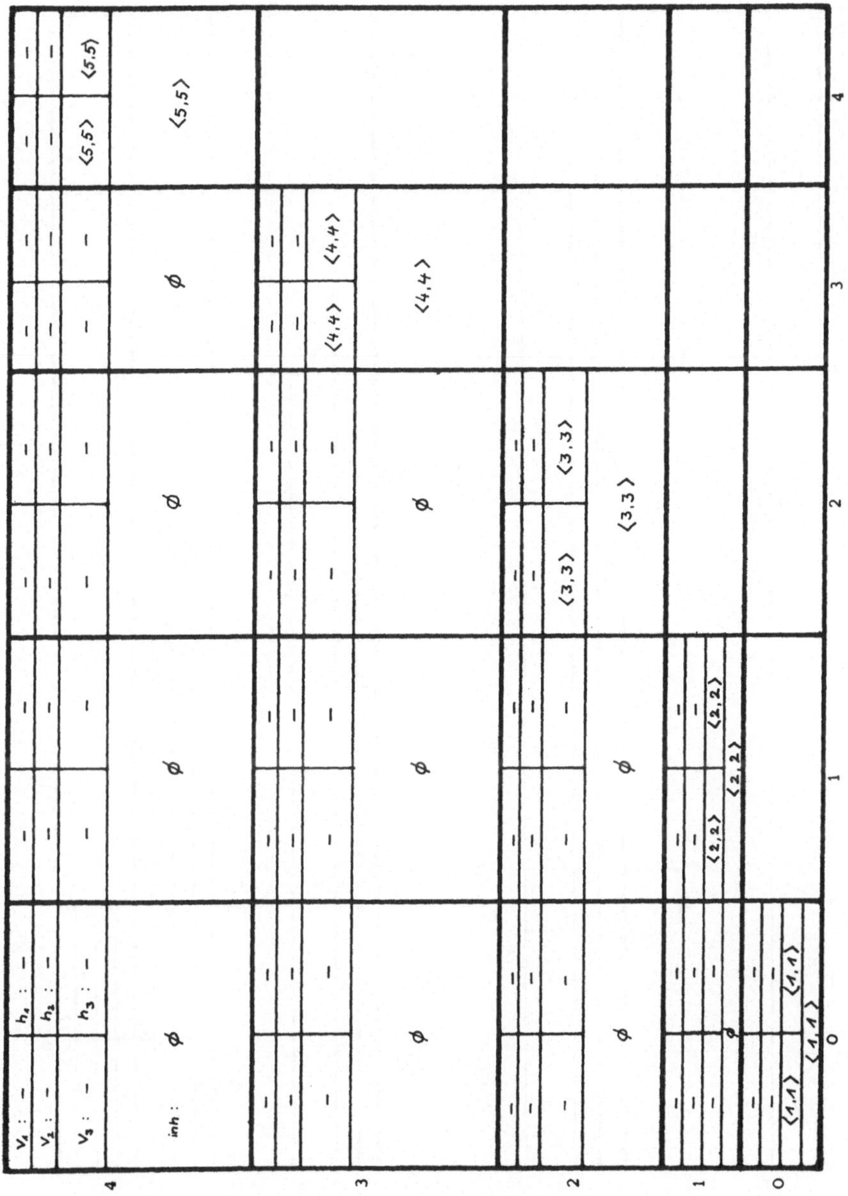

	0	1	2	3	4
4	V_1: – , V_2: – , V_3: – ; h_1: – , h_2: – , h_3: – ; inh: $\emptyset$	– , – , – ; – , – , – ; $\emptyset$	– , – , – ; – , – , – ; $\emptyset$	– , – , – ; – , – , – ; $\emptyset$	– , – , ⟨5,5⟩ ; – , – , ⟨5,5⟩ ; ⟨5,5⟩
3	– , – , – ; – , – , – ; $\emptyset$	– , – , – ; – , – , – ; $\emptyset$	– , – , – ; – , – , – ; $\emptyset$	– , – , ⟨4,4⟩ ; – , – , ⟨4,4⟩ ; ⟨4,4⟩	
2	– , – , – ; – , – , – ; $\emptyset$	– , – , – ; – , – , – ; $\emptyset$	– , – , ⟨3,3⟩ ; – , – , ⟨3,3⟩ ; ⟨3,3⟩		
1	– , – , – ; – , – , – ; $\emptyset$	– , – , ⟨2,2⟩ ; – , – , ⟨2,2⟩ ; ⟨2,2⟩			
0	– , – , ⟨1,1⟩ ; – , – , ⟨1,1⟩ ; ⟨1,1⟩				

Fig. 31 a) Beispiel zu Algorithmus 5.1

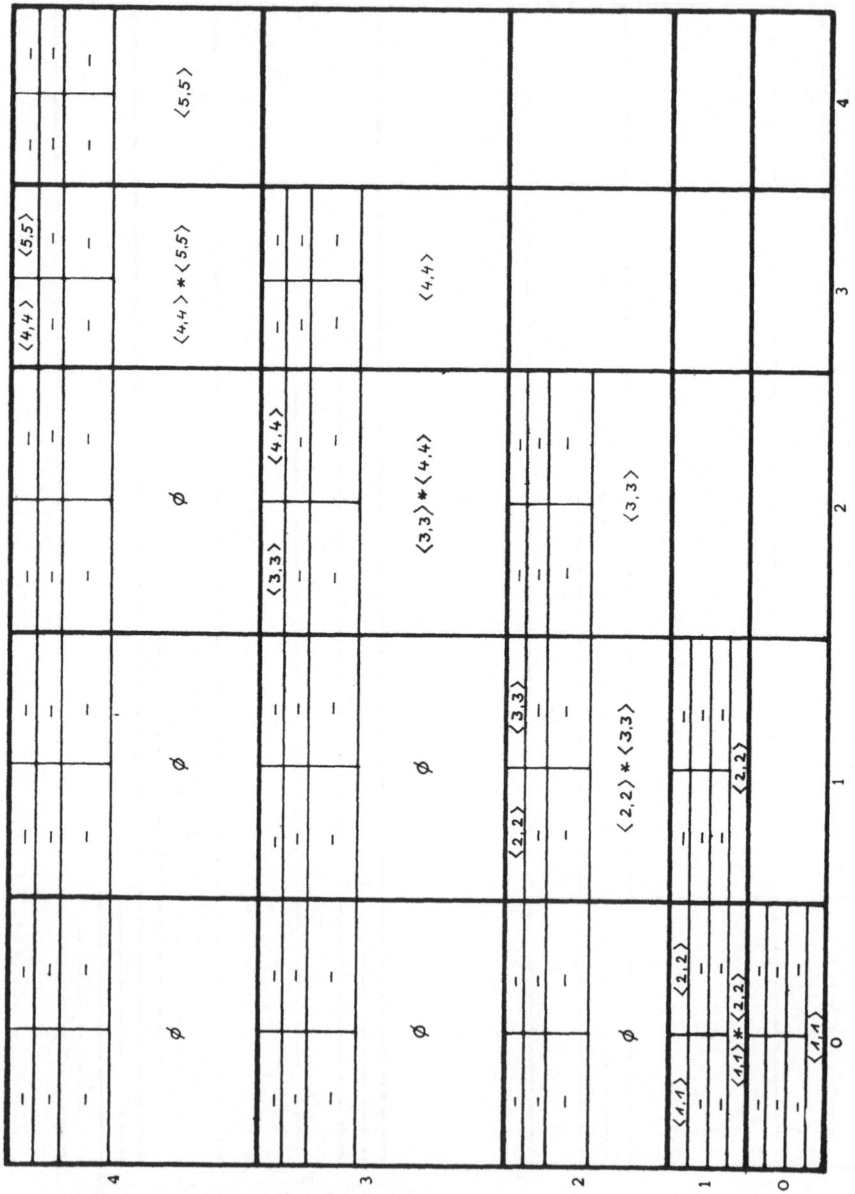

Fig. 31 b) Beispiel zu Algorithmus 5.1

	0	1	2	3	4
4	– | – – | – – | – ∅	– | – – | – – | – ∅	– | – – | – – | – ∅	– | – ⟨4,4⟩ | ⟨5,5⟩ ⟨4,4⟩ * ⟨5,5⟩ | ⟨4,4⟩ * ⟨5,5⟩ ⟨4,4⟩ * ⟨5,5⟩	– | – – | – – | – ⟨5,5⟩
3	– | – – | – – | – ∅	– | – – | – – | – ∅	– | – ⟨3,3⟩ | ⟨4,4⟩ ⟨3,3⟩ * ⟨4,4⟩ | ⟨3,3⟩ * ⟨4,4⟩ ⟨3,3⟩ * ⟨4,4⟩	– | – – | – – | – ⟨4,4⟩	
2	– | – – | – – | – ∅	– | – ⟨2,2⟩ | ⟨3,3⟩ ⟨2,2⟩ * ⟨3,3⟩ | ⟨2,2⟩ * ⟨3,3⟩ ⟨2,2⟩ * ⟨3,3⟩	– | – – | – – | – ⟨3,3⟩		
1	– | – ⟨1,1⟩ | ⟨2,2⟩ ⟨1,1⟩ * ⟨2,2⟩ | ⟨1,1⟩ * ⟨2,2⟩ ⟨1,1⟩ * ⟨2,2⟩	– | – – | – – | – ⟨2,2⟩			
0	– | – – | – – | – ⟨1,1⟩				

Fig. 31 c) Beispiel zu Algorithmus 5.1

	0	1	2	3	4
4	– / – – / – – / – ∅	– / – – / – – / – ∅	⟨3,3⟩ / ⟨5,5⟩ – / – ⟨3,3⟩ * ⟨4,4⟩ / ⟨4,4⟩ * ⟨5,5⟩ ⟨3,3⟩ * (⟨4,4⟩ * ⟨5,5⟩) ∪ (⟨3,3⟩ * ⟨4,4⟩) * ⟨5,5⟩ = ⟨3,3⟩ * ⟨4,5⟩ ∪ ⟨3,4⟩ * ⟨5,5⟩	– / – – / – – / – ⟨4,4⟩ * ⟨5,5⟩	– / – – / – – / – ⟨5,5⟩
3	– / – – / – – / – ∅	⟨2,2⟩ / ⟨4,4⟩ – / – ⟨2,2⟩ * ⟨3,3⟩ / ⟨3,3⟩ * ⟨4,4⟩ ⟨2,2⟩ * (⟨3,3⟩ * ⟨4,4⟩) ∪ (⟨2,2⟩ * ⟨3,3⟩) * ⟨4,4⟩ = ⟨2,2⟩ * ⟨3,4⟩ ∪ ⟨2,3⟩ * ⟨4,4⟩	– / – – / – – / – ⟨3,3⟩ * ⟨4,4⟩	– / – – / – – / – ⟨4,4⟩	
2	⟨1,1⟩ / ⟨3,3⟩ – / – ⟨1,1⟩ * ⟨2,2⟩ / ⟨2,2⟩ * ⟨3,3⟩ ⟨1,1⟩ * (⟨2,2⟩ * ⟨3,3⟩) ∪ (⟨1,1⟩ * ⟨2,2⟩) * ⟨3,3⟩ = ⟨1,1⟩ * ⟨2,3⟩ ∪ ⟨1,2⟩ * ⟨3,3⟩	– / – – / – – / – ⟨2,2⟩ * ⟨3,3⟩	– / – – / – – / – ⟨3,3⟩		
1	– / – – / – – / – ⟨1,1⟩ * ⟨2,2⟩	– / – – / – – / – ⟨2,2⟩			
0	– / – – / – – / – ⟨1,1⟩				

Fig. 31 d) Beispiel zu Algorithmus 5.1

	0		1		2		3		4	
4	–	–	⟨2,2⟩ * ⟨3,3⟩	⟨4,4⟩ * ⟨5,5⟩	–	–	–	–	–	–
	–	–	–	–	⟨3,3⟩	⟨5,5⟩	–	–	–	–
	–	–	–	–	⟨3,3⟩ * ⟨4,5⟩ ∪ ⟨3,4⟩ * ⟨5,5⟩	⟨3,3⟩ * ⟨4,5⟩ ∪ ⟨3,4⟩ * ⟨5,5⟩	–	–	–	–
	∅		((⟨2,2⟩ * ⟨3,3⟩) * (⟨4,4⟩ * ⟨5,5⟩)) = ⟨2,3⟩ * ⟨4,5⟩		⟨3,3⟩ * ⟨4,5⟩ ∪ ⟨3,4⟩ * ⟨5,5⟩		⟨4,4⟩ * ⟨5,5⟩		⟨5,5⟩	
3	⟨1,1⟩ * ⟨2,2⟩	⟨3,3⟩ * ⟨4,4⟩	–	–	–	–	–	–		
	–	–	⟨2,2⟩	⟨4,4⟩	–	–	–	–		
	–	–	⟨2,2⟩ * ⟨3,4⟩ ∪ ⟨2,3⟩ * ⟨4,4⟩	⟨2,2⟩ * ⟨3,4⟩ ∪ ⟨2,3⟩ * ⟨4,4⟩	–	–	–	–		
	((⟨1,1⟩ * ⟨2,2⟩) * (⟨3,3⟩ * ⟨4,4⟩)) = ⟨1,2⟩ * ⟨3,4⟩		⟨2,2⟩ * ⟨3,4⟩ ∪ ⟨2,3⟩ * ⟨4,4⟩		⟨3,3⟩ * ⟨4 4⟩		⟨4,4⟩			
2	–	–	–	–	–	–				
	⟨1,1⟩	⟨3,3⟩	–	–	–	–				
	⟨1,1⟩ * ⟨2,3⟩ ∪ ⟨1,2⟩ * ⟨3,3⟩	⟨1,1⟩ * ⟨2,3⟩ ∪ ⟨1,2⟩ * ⟨3,3⟩	–	–	–	–				
	⟨1,1⟩ * ⟨2,3⟩ ∪ ⟨1,2⟩ * ⟨3,3⟩		⟨2,2⟩ * ⟨3,3⟩		⟨3,3⟩					
1	–	–	–	–						
	–	–	–	–						
	–	–	–	–						
	⟨1,1⟩ * ⟨2,2⟩		⟨2,2⟩							
0	–	–								
	–	–								
	–	–								
	⟨1,1⟩									

Fig. 31 e) Beispiel zu Algorithmus 5.1

	0	1	2	3	4
4	– / – – / – – / – $\emptyset$	$\langle 2,2\rangle$ / $\langle 5,5\rangle$ $\langle 2,2\rangle * \langle 3,3\rangle$ / $\langle 4,4\rangle * \langle 5,5\rangle$ $\langle 2,2\rangle * \langle 3,4\rangle \cup \langle 2,3\rangle * \langle 4,4\rangle$ / $\langle 3,3\rangle * \langle 4,5\rangle \cup \langle 3,4\rangle * \langle 5,5\rangle$ $\langle 2,3\rangle * \langle 4,5\rangle$ $\cup \langle 2,2\rangle * (\langle 3,3\rangle * \langle 4,5\rangle \cup \langle 3,4\rangle * \langle 5,5\rangle)$ $\cup (\langle 2,2\rangle * \langle 3,4\rangle \cup \langle 2,3\rangle * \langle 4,4\rangle) * \langle 5,5\rangle$ $= \langle 2,2\rangle * \langle 3,5\rangle \cup \langle 2,3\rangle * \langle 4,5\rangle$ $\cup \langle 2,4\rangle * \langle 5,5\rangle = \langle 2,5\rangle$	– / – – / – – / – $\langle 3,3\rangle * \langle 4,5\rangle \cup \langle 3,4\rangle * \langle 5,5\rangle$ $= \langle 3,5\rangle$	– / – – / – – / – $\langle 4,4\rangle * \langle 5,5\rangle$ $= \langle 4,5\rangle$	– / – – / – – / – $\langle 5,5\rangle$
3	$\langle 1,1\rangle$ / $\langle 4,4\rangle$ $\langle 1,1\rangle * \langle 2,2\rangle$ / $\langle 3,3\rangle * \langle 4,4\rangle$ $\langle 1,1\rangle * \langle 2,3\rangle \cup \langle 1,2\rangle * \langle 3,3\rangle$ / $\langle 2,2\rangle * \langle 3,4\rangle \cup \langle 2,3\rangle * \langle 4,4\rangle$ $\langle 1,2\rangle * \langle 3,4\rangle$ $\cup \langle 1,1\rangle * (\langle 2,2\rangle * \langle 3,4\rangle \cup \langle 2,3\rangle * \langle 4,4\rangle)$ $\cup (\langle 1,1\rangle * \langle 2,3\rangle \cup \langle 1,2\rangle * \langle 3,3\rangle) * \langle 4,4\rangle$ $= \langle 1,1\rangle * \langle 2,4\rangle \cup \langle 1,2\rangle * \langle 3,4\rangle$ $\cup \langle 1,3\rangle * \langle 4,4\rangle = \langle 1,4\rangle$	– / – – / – – / – $\langle 2,2\rangle * \langle 3,4\rangle \cup \langle 2,3\rangle * \langle 4,4\rangle$ $= \langle 2,4\rangle$	– / – – / – – / – $\langle 3,3\rangle * \langle 4,4\rangle$ $= \langle 3,4\rangle$	– / – – / – – / – $\langle 4,4\rangle$	
2	– / – – / – – / – $\langle 1,1\rangle * \langle 2,3\rangle \cup \langle 1,2\rangle * \langle 3,3\rangle$ $= \langle 1,3\rangle$	– / – – / – – / – $\langle 2,2\rangle * \langle 3,3\rangle$ $= \langle 2,3\rangle$	– / – – / – – / – $\langle 3,3\rangle$		
1	– / – – / – – / – $\langle 1,1\rangle * \langle 2,2\rangle = \langle 1,2\rangle$	– / – – / – – / – $\langle 2,2\rangle$			
0	– / – – / – – / – $\langle 1,1\rangle$				

Fig. 31 f) Beispiel zu Algorithmus 5.1

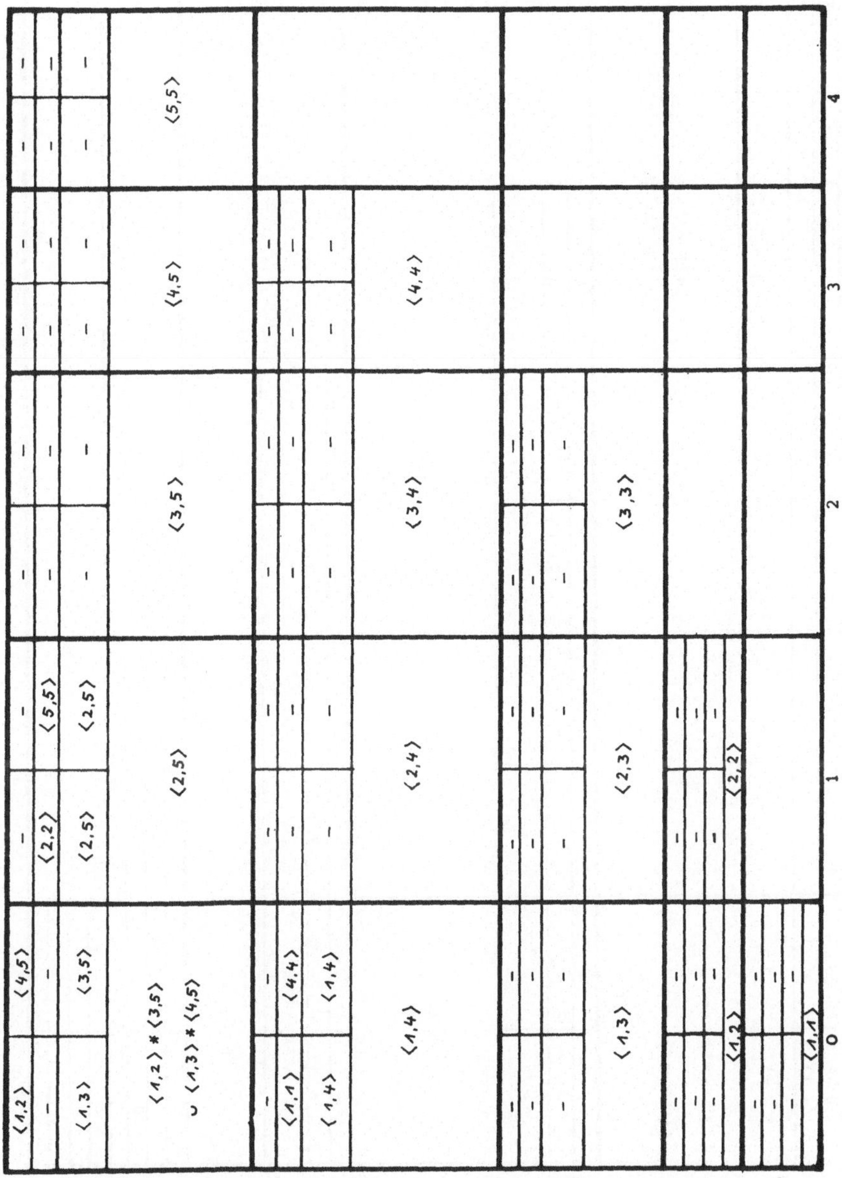

	0	1	2	3	4
4	⟨1,2⟩ ⟨4,5⟩ – – ⟨1,3⟩ ⟨3,5⟩ ⟨1,2⟩ * ⟨3,5⟩ ∪ ⟨1,3⟩ * ⟨4,5⟩	– – ⟨2,2⟩ ⟨5,5⟩ ⟨2,5⟩ ⟨2,5⟩ ⟨2,5⟩	– – – – – – ⟨3,5⟩	– – – – – – ⟨4,5⟩	– – – – – – ⟨5,5⟩
3	– – ⟨1,1⟩ ⟨4,4⟩ ⟨1,4⟩ ⟨1,4⟩ ⟨1,4⟩	– – – – – – ⟨2,4⟩	– – – – – – ⟨3,4⟩	– – – – – – ⟨4,4⟩	
2	– – – – – – ⟨1,3⟩	– – – – – – ⟨2,3⟩	– – – – – – ⟨3,3⟩		
1	– – – – – – ⟨1,2⟩	– – – – – – ⟨2,2⟩			
0	– – – – – – ⟨1,1⟩				

Fig. 31 g) Beispiel zu Algorithmus 5.1

	0	1	2	3	4
4	⟨1,1⟩ ⟨5,5⟩ ⟨1,2⟩ ⟨4,5⟩ ⟨1,4⟩ ⟨2,5⟩ ⟨1,2⟩ * ⟨3,5⟩ ∪ ⟨1,3⟩ * ⟨4,5⟩ ∪ ⟨1,1⟩ * ⟨2,5⟩ ∪ ⟨1,4⟩ * ⟨5,5⟩ = ⟨1,5⟩	– – – – – – ⟨2,5⟩	– – – – – – ⟨3,5⟩	– – – – – – ⟨4,5⟩	– – – – – – ⟨5,5⟩
3	– – – – – – ⟨1,4⟩	– – – – – – ⟨2,4⟩	– – – – – – ⟨3,4⟩	– – – – – – ⟨4,4⟩	
2	– – – – – – ⟨1,3⟩	– – – – – – ⟨2,3⟩	– – – – – – ⟨3,3⟩		
1	– – – – – – ⟨1,2⟩	– – – – – – ⟨2,2⟩			
0	– – – – – – ⟨1,1⟩				

Fig. 31 h) Beispiel zu Algorithmus 5.1

Um den Algorithmus zu veranschaulichen, ist in Fig. 31 a) - h) ein Ausschnitt des Ablaufs für ein Wort der Länge 5 dargestellt. Nur aus Platzgründen sind dabei sowohl die einzelnen Register in den Zellen als auch die Zellen selbst teilweise unterschiedlich groß gezeichnet.

Da beim Vorliegen des leeren Wortes (d.h. das erste eingelesene Symbol ist #) eine Sonderregelung getroffen werden kann, gilt:

Proposition 5.1: Sei $\Psi_X(P)$ contextfreie Sprache. Dann gibt es einen IA-Erkenner, der $\Psi_X(P)$ in Linearzeit erkennt.

Im folgenden Abschnitt wird gezeigt, daß sich die Erkennungsgeschwindigkeit für contextfreie Sprachen in iterativen Arrays nicht "wesentlich" erhöhen läßt, das soll heißen, daß sie i.allg. nicht in Realzeit erkennbar sind.

5.3 Beziehungen zwischen iterativen Arrays und zellularen Automaten

Zunächst wird eine Relation $\equiv_k$ eingeführt, die eine Modifikation der Äquivalenzrelation von N e r o d e ist und über die sich eine Charakterisierung der von iterativen Arrays in Realzeit annehmbaren Sprachen angeben läßt, die der Aussage von N e r o d e für endliche erkennende Automaten entspricht.

Definition 5.6: Sei $\Psi_X(P)$ Sprache über X . Für ψ , $\psi' \in W(X)$ sei definiert:

$$\psi \equiv_k \psi' \pmod{\Psi_X(P)} :\Leftrightarrow$$
$$\forall w\ (w \in W(X) \wedge |w| \le k) : \psi w \in \Psi_X(P) \Leftrightarrow \psi' w \in \Psi_X(P)$$

Proposition 5.2: $\equiv_k \pmod{\Psi_X(P)}$ ist Äquivalenzrelation.

Proposition 5.3: Sei $\mathfrak{J} = (A_{\bar{X}}, d, M_1^{(d)}, I_{\bar{X}})$ mustermanipulierender iterativer Array und $R(\mathfrak{J})$ sei die von $\mathfrak{J}$ in Realzeit erkannte Sprache. Dann gilt für die Anzahl a_k der Äquivalenzklassen von $\equiv_k \pmod{R(\mathfrak{J})}$:

$$a_k \le |A'|^{(2k+1)^d} \qquad \text{für } k \in \mathbb{N}$$

Beweis: In k weiteren Schritten, wobei $k = |w|$, kann nur der

Inhalt von $M_k^{(d)}$ zur Bestimmung des Zustandes von $\underline{O}$ herangezogen werden, d.h. bei gleichen Eingaben der Länge k können (in Realzeit) zwei Konfigurationen nur dann ein verschiedenes Ergebnis liefern, wenn sie in $M_k^{(d)}$ verschieden sind. D.f., daß es höchstens $|A'|^{|M_k^{(d)}|} = |A'|^{(2k+1)^d}$ verschiedene Äquivalenzklassen gibt. ::

Bemerkung: Es läßt sich zeigen, daß das Raster $M_1^{(d)}$ keine Einschränkung der Erkennungskapazität verursacht.

Im folgenden wird die Anzahl der Äquivalenzklassen $\equiv_k$ (mod $W(X)P_3$), wobei P_n mit $n \in \mathbb{N}$ die Menge aller Palindrome aus $W(X)$ der Länge $\geq n$ bezeichne, abgeschätzt.

Definition 5.7: Seien $X := \{a,b\}$, $U_m := \{u \ / \ u \in W(X) \wedge |u| = m\}$ für $m \in \mathbb{N}$. Außerdem sei $\phi(a) := ab$, $\phi(b) := bb$. ϕ werde wie üblich erweitert. Dann sei $V^m := \{b\}\,\phi(U_m)\{aa\}$. Es gilt $|V^m| = 2^m$. Für jede Untermenge $V_i \subseteq V^m$ wird ein Wort κ_i folgendermaßen definiert:

(a) Falls $V_i = \emptyset$, gilt: $\kappa_i := e$.

(b) Falls $V_i = \{v_{i,1}, \ldots, v_{i,q}\}$, gilt mit

$$\kappa_{i,0} := e, \quad \kappa_{i,j+1} := v_{i,j+1}^R \, \kappa_{i,j}^R \, \kappa_{i,j} \qquad (j=0,\ldots, q-1):$$

$$\kappa_i := \kappa_{i,q}$$

Bemerkung: Die κ_i charakterisieren damit vollständig die V_i. Wir betrachten das folgende Beispiel: $U_2 = \{aa, ab, ba, bb\}$. Sei $V_i = \{bababaa, bbbabaa, bbbbbaa\}$. Dann gilt

$\kappa_{i,0} = e$

$\kappa_{i,1} = aababab$

$\kappa_{i,2} = aababbb \ bababaa \ aababab$

$\kappa_{i,3} = \underbrace{aabbbbb}_{v_{i,3}^R} \ \underbrace{bababaa}_{v_{i,1}} \ \underbrace{aababab}_{v_{i,1}^R} \ \underbrace{bbbabaa}_{v_{i,2}} \ \underbrace{aababbb}_{v_{i,2}^R} \ \underbrace{bababaa}_{v_{i,1}} \ \underbrace{aababab}_{v_{i,1}^R}$

$\kappa_i = \kappa_{i,3}$

Proposition 5.4: Mit den obigen Bezeichnungen gilt:

1) $\kappa_i v_{i,j} \in W(X)P_3$ für $j \in \{1,\ldots, q\}$

2) Sei $\bar{v} \in V^m \setminus V_i$. Dann gilt: $\kappa_i \bar{v} \notin W(X)P_3$.

Beweis: 1) Für alle j $(1 \leq j \leq q)$ existiert ein Wort γ , so daß gilt: $\kappa_i = \gamma\kappa_{i,j}$. D.f. $\kappa_i v_{i,j} = \gamma\kappa_{i,j} v_{i,j} = \gamma v^R_{i,j} \kappa^R_{i,j-1} \kappa_{i,j-1} v_{i,j}$, und dieses Wort ist $\in W(X)P_3$.

2) Wegen der asymmetrischen Form der Elemente von V^m ist für $V_i = \emptyset$ die Behauptung klar.
Durch vollständige Induktion läßt sich zeigen, daß $\kappa_i \bar{v}$ in der Form $\gamma_1 \gamma_2 \cdots \gamma_{2r}$ mit $\gamma_{2j+1} \in V^R_i$, $\gamma_{2j} \in V^m$ $(j=0,\ldots,r)$ dargestellt werden kann.
Es werde angenommen, $\kappa_i \bar{v} \in W(X)P_3$. Da baa Schlußstück von $\bar{v}$ ist, muß es eine Aufspaltung der Form $\kappa_i \bar{v} = \lambda\mu$ geben, wobei $\mu = aab\mu' baa$ Palindrom ist. Da aab nur als Anfangsteilstück von Wörtern γ_{2j+1} in der obigen Zerlegung auftreten kann, existiert ein $j \in \{1,\ldots, q\}$, so daß $\bar{v} = \gamma^R_{2j+1}$ und damit $\bar{v} \in V_i$. Dies ist aber ein Widerspruch zur Voraussetzung. Daraus folgt die Behauptung. ::

<u>Proposition 5.5</u>: Sei $X := \{a,b\}$ und $L := W(X)P_3$. Es existiert kein mustermanipulierender iterativer Array, der L in Realzeit erkennt.

Beweis: Es werde zunächst gezeigt, daß $\kappa_i \not\equiv_k \kappa_j \pmod L$ für $i \neq j$ und $k = 2m+3$. Sei nämlich $V_i , V_j \subseteq V^m$ mit $V_i \neq V_j$. Dann existiert $\bar{v}$ mit $\bar{v} \in V_i \setminus V_j$ bzw. $\bar{v} \in V_j \setminus V_i$. Nehmen wir an, der erste Fall liege vor; der andere wird analog bewiesen. Nach Proposition 5.4 1) gilt dann $\kappa_i \bar{v} \in L$ und nach Proposition 5.4 2) $\kappa_j \bar{v} \notin L$. Da $|\bar{v}| = k$, gilt $\kappa_i \not\equiv_k \kappa_j \pmod L$. Daraus folgt, daß der Index von $\equiv_k \pmod L \geq |\mathcal{P}(V^m)|$ ist.
Legen wir m (und damit V^m) so fest, daß gilt $2^{2^m} > |A'|^{(2k+1)^d}$, dann ist, da $|\mathcal{P}(V^m)| = 2^{2^m}$ mit Proposition 5.3 die Behauptung bewiesen. ::

Damit ist gezeigt, daß die Klasse der contextfreien Sprachen nicht in Realzeit von mustermanipulierenden iterativen Arrays angenommen werden kann. Der oben beschriebene Algorithmus von K o s a - r a j u ist deshalb bis auf den Faktor -der sich aber durch Rastererweiterungen verkleinern läßt (auf $1+\varepsilon$ mit $\varepsilon > 0$)- zeitoptimal.

Im folgenden soll an einem Algorithmus von C o l e [Col] demonstriert werden, daß es durchaus "nicht ganz einfache" contextfreie Sprachen gibt, die von mustermanipulierenden iterativen Arrays (sogar eindimensionalen) in Realzeit erkannt werden.

Algorithmus 5.2: Es wird die Arbeitsweise eines eindimensionalen IA-Erkenners $\mathcal{J}$ skizziert, der in Realzeit P_1 über $X := \{a,b\}$ erkennt. H_1 ist das Raster.

Die Zellen von $\mathcal{J}$ werden in sechs Register aufgespalten gedacht, die mit A, B, C, D, E, F bezeichnet werden, und wenn sie zur Zelle $\underline{i}$ gehören, $\underline{i}$ als Index haben; der Inhalt von $A_{\underline{i}}$ zur Zeit t werde mit $A_{\underline{i}}(t)$ angegeben, entsprechend für die anderen Register.

Die Register A, B, C und D können jeweils ein Element aus $X \cup \{-\}$ speichern -wobei - bedeutet, daß kein Zeichen gespeichert ist-, E ein Element aus $\{\bar{\alpha},\bar{\omega}\}$ und F ein Element aus $\{0,1,-\}$.

Sei $x^1 \dots x^k \in W'(X)$ Eingabewort. Dann hat $E_{\underline{i}}(t)$ den Wert $\bar{\alpha}$ genau dann, wenn eine entsprechende Teilkette (siehe Fig. 32) $\in P_1$ war, oder wenn noch keine relevante Information vorliegt. Es gilt:

$$E_{\underline{i}}(t+1) = \bar{\alpha} \;:\Leftrightarrow\; E_{\underline{i}+1}(t) = \bar{\alpha} \wedge A_{\underline{i}+1}(t) = C_{\underline{i}+1}(t) \wedge B_{\underline{i}+1}(t) = D_{\underline{i}+1}(t)$$

Mit dem Inhalt von $F_{\underline{i}}$ wird das Beschreiben von $\underline{i}$ "gesteuert".

Der Ruhezustand einer Zelle $\underline{i}$ ist gegeben durch $A_{\underline{i}}(t) = B_{\underline{i}}(t) = C_{\underline{i}}(t) = D_{\underline{i}}(t) = F_{\underline{i}}(t) = -$ und $E_{\underline{i}}(t) = \bar{\alpha}$.

Der "Annahmezustand" α der Zelle $\underline{0}$ ist definiert durch $A_{\underline{i}}(t) = C_{\underline{i}}(t)$, $B_{\underline{i}}(t) = D_{\underline{i}}(t)$, $E_{\underline{i}}(t) = \bar{\alpha}$ und $F_{\underline{i}}(t) = 0$. Analog dazu ist ω festgelegt.

Seien die Register einer Zelle folgendermaßen angeordnet und sei $p(m,n) \in \{\bar{\alpha} , \bar{\omega}\}$ die Angabe, ob $x^m \dots x^n \in P_1$ ist oder nicht resp. Dann arbeitet der IA-Erkenner nach dem in Fig. 32 dargestellten Schema.

A	B
C	D
E	F

Man überzeugt sich, daß auf diese Weise $\mathcal{J}$ die Menge aller Palindrome aus $W'(\{a,b\})$ in Realzeit erkennt. ::

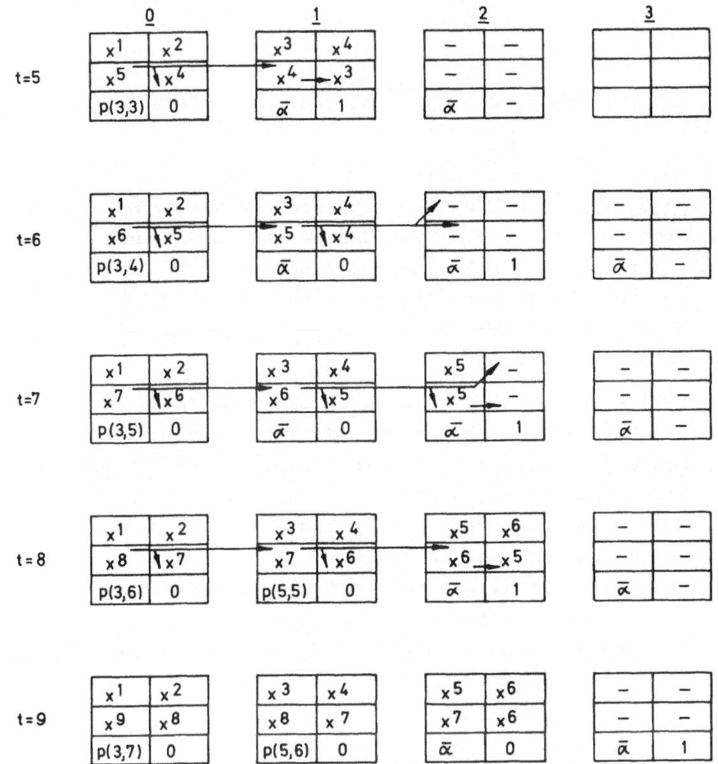

Fig. 32 Schema zur IA-Erkennung von Palindromen

Es soll nun eine Verbindung zwischen den mustermanipulierenden iterativen Arrays und den mustermanipulierenden zellularen Automaten hergestellt werden. Dazu wollen wir zunächst angeben, wie Sprachen in zellularen Automaten repräsentiert werden.

Definition 5.8: Sei X Alphabet, $X' := X \cup \{\bar{z}_0\}$ und $L \subseteq W(X)$. Sei $Q := \{\underline{i} \; / \; \underline{i} \in \mathbb{Z}^d \wedge \|\underline{i}\| \leq n-1\}$. Für $d \geq 1$ und $w = x^1 \ldots x^n \in W'(X)$ mit $n \in \mathbb{N}$ sei $\phi_w^{(d)} : Q \to X'$ folgendermaßen definiert:

$$\phi_w^{(d)}((0, \ldots\ldots, 0)) = x^1$$

$$\phi_w^{(d)}((1,0, \ldots., 0)) = x^2$$

$$\cdots\cdots$$

. . . .

$$\phi_w^{(d)}((n-1,0,\ldots,0)) = x^n$$

Für alle übrigen $\underline{i} \in Q$ gelte: $\phi_w^{(d)}(\underline{i}) = \bar{z}_o$.

Dann sei die Musterklasse $\Psi_L^{(d)}$ folgendermaßen definiert:

$$\Psi_L^{(d)} := \{ \phi_w^{(d)} / w \in L \}$$

Proposition 5.6: Sei $\mathcal{J}$ mustermanipulierender iterativer Array der Dimension d mit $d \in \mathbb{N}$ und dem Raster $H_1^{(d)}$, und sei L (über X) die von $\mathcal{J}$ in Realzeit erkannte Sprache. Dann existieren ein $Fig_X(G)$-manipulierender zellularer Automat $\mathcal{A}$ (der Dimension d und dem Raster $H_1^{(d)}$) und Φ_α, Φ_ω, so daß $\mathcal{A}$ $\Psi_L^{(d)}$ bez. Φ_α, Φ_ω in Realzeit erkennt.

Beweisskizze: Wird $\mathcal{A}$ so konstruiert, daß jede Zelle aus zwei Registern besteht, einem zur Aufnahme der Anfangsinformation -der externen Eingabe des iterativen Arrays entsprechend- und dem zweiten zur Speicherung des eigentlichen Zustandes, und werden Φ_α, Φ_ω in naheliegender Weise -charakterisiert durch den Zustand von $\underline{0}$ - festgelegt, so kann $\mathcal{A}$ den IA-Erkenner $\mathcal{J}$ in Realzeit simulieren, da durch die Definition von $\Psi_L^{(d)}$ in $\mathcal{A}$ ebensoviel "Speicherplatz" zur Verfügung steht wie bei der Bearbeitung von w in $\mathcal{J}$ höchstens beansprucht wird und da die externe Eingabe durch das Verschieben der Anfangsinformation in die Zelle $\underline{0}$ simuliert wird. ::

Zellulare Automaten erkennen in Realzeit aber sogar "mehr" als iterative Arrays: Der folgende Algorithmus (nach S m i t h [Sm5]) beschreibt die Arbeitsweise eines ZA-Erkenners (in Realzeit) für $\Psi_L^{(1)}$ mit $L := W(X)P_3$, eine Sprache, für die es nach Proposition 5.5 keinen Realzeit-IA-Erkenner gibt.

Algorithmus 5.3: Wir gehen aus von einem eindimensionalen zellularen Automaten mit dem Raster H_1 . Φ_α und Φ_ω werden naheliegenderweise durch das entsprechende Verhalten von $\underline{0}$ definiert.

Zunächst werde die Arbeitsweise eines ZA-Erkenners für $\Psi_{P_1}^{(1)}$ beschrieben. Zu jedem Zeitpunkt gibt jede Zelle der Retina, deren Anfangszustand $\neq \bar{z}_o$ ist, ihren Zustand an ihren rechten und ihren linken Nachbarn weiter. Die an eine Zelle mit dem Inhalt $\bar{z}_o$

grenzende Zelle, das ist die Zelle, die das Symbol x^1 enthält, und die Zelle, deren rechter Nachbar Grenzzelle ist, das ist die Zelle, die das Symbol x^n enthält, geben diese entsprechende Information mit weiter; wir wollen resp. vom (a,x^1)-Impuls und vom (e,x^n)-Impuls sprechen.

Jede Zelle wird wieder als in drei Register aufgespalten betrachtet, wobei eins den "eigentlichen" Zustand und zwei die verschobenen Impulse aufnehmen.

Diejenige Zelle, die unmittelbar links von der "Mitte" des relevanten Teils der Retina liegt, falls n gerade, bzw. die "mittlere" Zelle, falls n ungerade ist, werden als Zentrumszellen (ZZ) bezeichnet. Jede Zelle verhält sich zunächst so, als ob sie ZZ wäre, und zwar sowohl ZZ für den Fall, daß n gerade, als auch für den Fall, daß n ungerade ist. Die "wirkliche" ZZ wird dadurch bestimmt, daß in ihr zum ersten Mal der (verschobene) (a,x^1)-Impuls den (verschobenen) (e,x^n)-Impuls als unmittelbaren rechten Nachbarn antrifft, bzw. daß der (a,x^1)-Impuls linker und der (e,x^n)-Impuls rechter Nachbar ist. Jede Zelle, die zu einem Zeitpunkt in einem von ihrem unmittelbaren rechten Nachbarn verschiedenen Zustand ist, oder deren linker und rechter Nachbar verschiedene Zustände haben, notiert sich dies in ihren beiden Registern durch ein spezielles Symbol §, und sie ändert diese Information während des gesamten Verarbeitungsvorganges nicht mehr ab, denn dies bedeutet, daß sie nicht ZZ bei Vorliegen eines Wortes aus $\Psi^{(1)}_{P_1}$ sein kann. Der (a,x^1)-Impuls wird nach "Zusammentreffen" mit dem (e,x^n)-Impuls -in der "richtigen" ZZ- reflektiert, jedoch dergestalt modifiziert, daß sich an ihm erkennen läßt, ob das Muster angenommen oder zurückgewiesen werden soll: Angenommen wird es genau dann, wenn die ZZ, die dann eindeutig identifizierbar ist, vom (a,x^1)-Impuls in einem von § verschiedenen Zustand angetroffen wurde. Dies geschieht in Realzeit.

Ein zellularer Automat, der $\Psi^{(1)}_{L_1}$ mit $L_1 := W(X)P_1$ in Realzeit erkennt, wird dergestalt gegenüber dem obigen zellularen Automaten verändert, daß ein Muster genau dann angenommen wird, wenn der (e,x^n)-Impuls vor oder in der ZZ mindestens eine Zelle in einem von § verschiedenen Zustand antrifft. Der (e,x^n)-Impuls läuft mit der entsprechenden Information zur Zelle $\underline{0}$ und versetzt sie in den entsprechenden Zustand. Um $\Psi_L^{(1)}$ zu erkennen, muß der zellulare Automat noch dergestalt erweitert werden, daß im (e,x^n)-Impuls die Information, ob vor dem Erreichen der ZZ mindestens zwei bzw. eine Zelle überquert wurde, mitgeführt werden kann. ::

Die Tatsache, daß zellulare Automaten in dem betrachteten Sinn "mächtiger" sind als iterative Arrays, erscheint nicht besonders erstaunlich, wenn man sich vergegenwärtigt, daß sie ja bereits zum Anfangszeitpunkt über das vollständige Muster verfügen.

Die Frage, ob zellulare Automaten alle contextfreien Sprachen in Realzeit erkennen können, ist noch offen, jedoch für Teilklassen, wie die linearen contextfreien Sprachen, positiv beantwortet. -Unter Benutzung des Algorithmus von K a s a m i [Kas] , der eine Modifikation des oben beschriebenen Algorithmus von Y o u n g e r [You] darstellt, läßt sich ein ZA-Erkenner angeben, der sie in Realzeit erkennt.- Andererseits gibt es contextsensitive, nicht contextfreie Sprachen, für die es in Realzeit arbeitende ZA-Erkenner gibt, wie z.B. $\{ww \,/\, w \in W'(X)\}$ und $\{a^n b^n c^n \,/\, n \in \mathbb{N}\}$.

Wie man sich leicht überlegt, gibt es zu jeder deterministischen contextsensitiven Sprache einen IA-Erkenner (der, nach dem oben Gesagten, die Erkennung allerdings nicht immer in Realzeit leistet).

Weitere Ergebnisse in diesem Zusammenhang sind in S m i t h [Sm5] zu finden.

In S e i f e r a s [Ss2] sind Resultate über den Vergleich der Annahmekapazitäten von iterativen Arrays und Mehrkopf-Turingmaschinen mit endlich-dimensionalem Speicher enthalten. U.a. wird gezeigt, daß es zu jeder Sprache, die von einer nichtdeterministischen Ein-Band-Mehr-Kopf-Turingmaschine in der Zeit n^d erkannt wird, einen nichtdeterministischen d-dimensionalen iterativen Array gibt, der sie in Linearzeit erkennt.

6. Eine Sprache zur Simulation von Mosaikautomaten

Ein Hauptproblem bei der Entwicklung paralleler Algorithmen ist das ihres Austestens. Bei einigermaßen umfangreichen Überführungsfunktionen ist ein Überprüfen "von Hand" nicht realisierbar, so daß man naheliegenderweise Computer zu Hilfe nimmt. Das Erstellen eines entsprechenden Programmes zur Simulation eines solchen Algorithmus ist bei Verwendung einer hinreichend komfortablen problemorientierten Sprache nicht schwierig, jedoch ist bekanntermaßen ein größeres Programm -zumindest, wenn es trickreich gestaltet ist- schon für die Kollegen des Programmierers schwer zu durchschauen. Andererseits stellt natürlich dieses Programm eine exakte Beschreibung für den parallelen Algorithmus dar, so daß an einer "Normalformdarstellung" Interesse bestehen wird. In einem gewissen Maße wird durch spezielle Sprachen zur Simulation von Polyautomaten etwas derartiges geleistet.

Eine solche Sprache wird in ihren Hauptbestandteilen im folgenden beschrieben. Sie eignet sich zur Simulation zweidimensionaler Mosaikautomaten und solcher iterativer Arrays, die von vornherein in ihrer Größe beschränkt sind. Es wurde dazu ein Interpretierer (in FORTRAN) entwickelt, der (in verschiedenen Stadien) auf mehreren Rechnern (auch unterschiedlichen Typs) implementiert ist. Die Form eines Interpretierers wurde unter Inkaufnahme eines Geschwindigkeitsverlustes u.a. wegen der Flexibilität bei der Verwendung des gesamten, dem Benutzer zur Verfügung stehenden Speicherbereiches und der Kompatibilität und Portabilität gewählt; die letzten beiden Punkte gaben auch Veranlassung, das Programm in FORTRAN zu schreiben. Auf Programmiereinzelheiten wollen wir hier nicht eingehen.

Das Kapitel kann von jemandem, der nicht an der Benutzung eines solchen Simulators interessiert ist, zur nochmaligen Veranschaulichung von Mosaikautomaten betrachtet werden, an der sich einige Möglichkeiten (und Schwierigkeiten) der Festlegung und der Modifikation beispielhaft ersehen lassen.

Es seien noch einige der existierenden derartigen Programme erwähnt: B a k e r und H e r m a n [BaH] haben ein Programm zur

Simulation linearer Arrays, in denen die Zellen sich verändern, in zwei oder mehr Zellen aufgespalten werden können oder verschwinden können, entwickelt. Der Benutzer spezifiziert die Verhaltensregeln für eine typische Zelle, und das Programm wendet diese Regeln simultan auf alle Zellen an. Die Verhaltensregeln können als Zustandsüberführungstafeln oder in komplizierten Fällen als FORTRAN-Unterprogramme angegeben werden.

B r e n d e r [Bre] hat ein Programmsystem zur Simulation zweidimensionaler zellularer Automaten entwickelt, das in zwei Computern mit einem Display in interaktiver Weise benutzbar ist.

Ein Interpretierer für die Simulation von Mosaikautomaten mit zwei Zuständen wurde von P e c h t [Pe1], [Pe2] beschrieben. Mit Hilfe eines graphischen Displays können in interaktiver Weise Untersuchungen durchgeführt werden.

Eine Sprache zur Simulation zweidimensionaler Mosaikautomaten wurde von L e g e n d i [Le1] entwickelt. Diese Sprache ist stark benutzer-orientiert: In ihr ist es möglich, die Überführungstafeln -der am meisten Mühe machende Teil bei einer Simulation- als eine Liste von Termen, als Tafeln, durch die Definition von Termen in Baumform, oder durch Angabe von Eigenschaften zu definieren. Eine Modifikation dieser Sprache, die sich besonders für kleine, interaktive Computersysteme eignet, wird in [Le2] beschrieben.

Die folgenden Ausführungen stützen sich auf V o l l m a r [Vo1], [Vo2]; eine ausführliche Beschreibung incl. Programmauflistung (in einem früheren Entwicklungsstadium) vermittelt ein dort zitierter Bericht. Einige Erweiterungen und Modifikationen - die hier allerdings großteils nicht angesprochen werden- wurden zwischenzeitlich in der Hauptsache von Herrn H. S z w e r i n s k i vorgenommen.

6.1 Sprachelemente und ihre Verknüpfung

Auf eine formale Darstellung der Sprache wird verzichtet, da sie eine sehr einfache Struktur hat und die Konkatenation ihrer Elemente im wesentlichen durch die Semantik festgelegt ist.

Sprachelemente werden für folgende Aufgaben benötigt:

1) Festlegung des Mosaikautomaten (iterativen Automaten): Definition der Einzelautomaten und ihre Plazierung im Raum
2) Äußere Eingabe: Verbindungen zu (einem Teil der) Automaten und Eingabewerte
3) Ausgabe: Festlegen der auszugebenden Größen (Zustand und/oder Zählerstände) (eines Teils) der Automaten
4) Eigentliche Simulation: Folge der (verschiedenen) Eingaben, Durchführen von Globalübergängen und (verschiedene) Ausgaben (Ein Globalübergang bewirkt dabei den Übergang zur jeweiligen nächsten Konfiguration der Verhaltensfolge.)

Im folgenden wird öfter auf das Beispiel aus Abschnitt 6.2 Bezug genommen (dessen Zeilen sind deshalb durchnumeriert). Der damit beschriebene parallele Algorithmus wird erst später erläutert; im Augenblick interessieren daran nur die syntaktischen Aspekte.

Im Interpretierer selbst können einige Parameter, wie z.B. die absolute Größe des zu untersuchenden Mosaikautomaten und einige wenige andere Feldgrenzen festgelegt werden, wenn man nicht, wie es im Beispiel geschieht, von vornherein einen möglichst großen Automaten fixieren will.

6.1.1 Festlegung des Mosaikautomaten

Es ist zwischen festen Wortsymbolen (meist mit * beginnend) und variablen Angaben zu unterscheiden; sie können formatfrei eingegeben werden, jedoch ist zwischen je zweien von ihnen ein Trennzeichen (z.B. Zwischenraum, Komma, neue Zeile) einzufügen.

Jeder zu verwendende Einzelautomat muß spezifiziert werden, wobei natürlich mehrfach vorkommende Automaten nur jeweils einmal charakterisiert werden müssen. Dazu ist jeweils ein Automatennamen anzugeben, und die Anzahlen von Zuständen, Zählern und Ein- und Ausgängen sind zu nennen (Zeilen /4/ und /20/). Die Anzahlen von Zählern, Eingängen und Ausgängen sind nicht beschränkt. Die Zahl der Eingänge braucht nicht mit der der Ausgänge übereinzustimmen, da einerseits Eingänge mit Ausgängen anderer Automaten verknüpft sein können und andererseits ein Ausgang von mehreren Eingängen abgefragt werden kann. Die Ausstattung der Automaten mit Zählern hat nach dem in Kapitel 2. über die Berechnungsuniversalität Gesagten keine Auswirkungen auf die prinzipiellen Fähigkeiten von Mosaikautomaten, ist aber gelegentlich nützlich, um die Überführungsfunktion relativ "klein" zu halten.

Die Arbeitsweise der Automaten wird durch eine Übergangstafel beschrieben, die als Folge von Bedingung-Folgerung-Anweisungen gegeben wird. Zeilen /22/ und /23/ z.B. sind folgendermaßen zu interpretieren: Wenn am Eingang 5 ein F, an den Eingängen 1-4 und 6-8 etwas Beliebiges anliegt, am "äußeren" Eingang (9) ebenfalls etwas Beliebiges, der Automat im Zustand W ist und der Zähler einen beliebigen Stand hat, dann geht der Automat in den Zustand F über, der Zähler wird um 1 erhöht, und am Ausgang wird F angelegt.

Ein anderes Beispiel könnte folgendermaßen aussehen:

```
*BED Ø, AB, Z5; 33; GRGL
*FOL ZY; +1Ø, -1; A5, Ø
```

Interpretation: Wenn am Eingang 1 Ø , am Eingang 2 AB anliegt, der Automat sich im Zustand Z5 befindet, der Stand von Zähler 1 =33 und der von Zähler 2 ≥Ø ist, dann geht der Automat in den Zustand ZY über, in Zähler 1 wird 1Ø addiert, in Zähler 2 1 subtrahiert, am Ausgang 1 A5 und am Ausgang 2 Ø angelegt. (Die benutzten Semikolons dienen nur zur Veranschaulichung der Tatsache, daß der betreffende Automat aufgrund seiner "Deklaration" über zwei Eingänge, zwei Zähler und zwei Ausgänge verfügt.)

Die Zähler können nur ganzzahlige Werte annehmen. Die Stellung eines Zählers kann abgefragt werden entweder auf Übereinstimmung mit einer beliebigen Zahl oder auf ≥Ø , >Ø , ≤Ø oder <Ø .

Zusätzlich gibt es noch einige Möglichkeiten, Schreibarbeit bei Aufstellung der Überführungstafel zu sparen, was wichtig ist, da hierbei, nach meinen Erfahrungen, der meiste Aufwand zu leisten ist:

1) Wie schon erwähnt, ist es erlaubt, durch - auf Spezifikationen (für Eingänge, Zähler, Zustand) zu verzichten.
2) Es ist keine vollständige Spezifikation der Automaten erforderlich, d.h. es müssen nicht alle möglichen Bedingungen aufgeführt sein (siehe im Beispiel ACC). Ist der Automat in einem

"Globalzustand", der in der Übergangstafel nicht angegeben ist, so wird er (d.h. Zustand, Zähler und Ausgaben) nicht verändert.

3) Die Angabe von *GLE nach *TAF ist möglich, wenn nächster Zustand und auszugebender Wert (d.h. am Ausgang anzulegender Wert) übereinstimmen; dann kann auf eigenes Notieren der Ausgabe verzichtet werden. So ist z.B. Zeile /7/ eine Abkürzung für

   *FOL B; B

4) Ist die Überführungsfunktion oder ein Teil von ihr rotationssymmetrisch, so besteht die Möglichkeit, nur einen Repräsentanten anzugeben: Dazu wird *BED durch *ROT ersetzt. So kann z.B.

```
*BED  X  -  -  Z   *FOL  Y
*BED  -  X  -  Z   *FOL  Y
*BED  -  -  X  Z   *FOL  Y
```

kürzer als

```
*ROT  X  -  -  Z   *FOL  Y
```

geschrieben werden.

Gilt diese Symmetrie nicht für einen äußeren Eingang, so kann dennoch die abgekürzte Schreibweise verwandt werden, falls durch den Zusatz

   *EXT k

mit k die Nummer dieses äußeren Eingangs angegeben wird. Zeilen /16/, /17/ stellen in der angegebenen Form eine Abkürzung für acht Bedingung-Folgerung-Zeilen dar:

```
*BED  F  -  -  -  -  -  -  -  -  -
*FOL  F
  .
  .
  .
*BED  -  -  -  -  -  -  -  F  -  -
*FOL  F
```

Würde *EXT 9 fehlen, so käme hier noch

```
*BED  -  -  -  -  -  -  -  -  F  -
*FOL  F
```

hinzu.

5) Erwähnt sei noch, daß eine Überführungsfunktion durch den Aufruf einer Rechenvorschrift spezifiziert werden kann. Wir wollen darauf aber hier nicht näher eingehen.

Noch kurz einige Bemerkungen zur Programmorganisation zur Abarbeitung der Überführungstafel: Die Überführungstafel wird bei jedem

Übergang jedes Einzelautomaten konsultiert, so daß i. allg. dafür die meiste Zeit aufzuwenden ist. Eine vom Programm vorzunehmende Umorganisation verkürzt i.allg. die Programmlaufzeit, hat aber folgende, nicht zu erwartende Auswirkung auf die Logik der Überführungsfunktion: Zunächst wird der Teil der Überführungstafel durchsucht, in dem der Zustand gleich ist dem aktuellen Zustand des betrachteten Automaten. Nur wenn dort keine "passende" Bedingung gefunden wird, wird der Teil der Überführungstafel inspiziert, in dem der Zustand gleich - ist, d.h. irrelevant ist. Kommt auch in diesem Teil keine passende Bedingung vor, so bleibt der Automat (nach 2)) ungeändert. Liege z.B. für einen Automaten mit zwei Eingängen und einem Ausgang folgende Überführungstafel vor:

```
*TAF *GLE
   *BED  X  X  -   *FOL  V
   *BED  X  -  Z   *FOL  W
*ENDTAF
```

Ein Automat, der sich im Zustand Z befindet und an dessen beiden Eingängen jeweils X anliegt, geht in den Zustand W über (und nicht, wie man erwarten könnte, nach V).

Die Besetzung der Gitterpunkte durch zuvor deklarierte Automaten geschieht folgendermaßen: *NETZDEF und *BES sind obligatorisch, während weitere Festlegungen von der Art des Mosaikautomaten abhängen, d.h. davon, ob eine homogene oder eine mehr oder weniger gleichmäßige inhomogene Belegung mit Einzelautomaten vorliegt. Sei im ersten Fall AUT1 der Name des allein vorkommenden Automatentyps; dann wird mit

```
*VOL   NETZ = AUT1
```

die gewünschte Wirkung erzielt. (Hier und im folgenden sind aus mnemotechnischen Gründen häufiger NETZ und ähnliche Wörter (ohne *) anzugeben.)

Eine teilweise Belegung mit Automaten (z.B. mit der Bezeichnung AUT2) geschieht z.B. durch Angabe von

```
*TEI   NETZ( 2, 1) - NETZ( 2, 25)  = AUT2
       NETZ( 3, 5) - NETZ( 3, 5 )  = AUT2
```

Dadurch werden die Gitterpunkte (2, 1) bis (2, 25) und (3, 5) mit Automaten des Typs AUT2 besetzt. Die ersten Koordinaten brauchen nicht gleich zu sein.

Sollen in äquidistanten Abständen Automaten z.B. vom Typ AUT3 eingesetzt werden, so ist dies z.B. mit

*ABS NETZ(3, 5) - NETZ(3, 33) = AUT3 : 1Ø

möglich. Damit werden Automaten vom Typ AUT3 in den Punkten (3,5), (3,15), (3,25) eingesetzt.

Soll schließlich ein einzelner Gitterpunkt (sagen wir (3, 33)) mit dem Automaten AUT4 belegt werden, so kann das mit

*EIN NETZ(3, 33) = AUT4

geschehen.

Es ist noch zu bemerken, daß ein "Überschreiben" möglich ist, d.h. bei konkurrierenden Angaben für Gitterpunkte die jeweils letzte gültig ist.

Die aktuelle Größe des zu untersuchenden Automaten kann nach *NETZDEF mittels z.B. *FEL (15,1Ø) angegeben werden.

Nach *TEI , *ABS und *EIN können jeweils beliebig viele Festlegungen folgen.

Analog zur Belegung werden auch die Vorschriften über die Nachbarschaftsindizes angegeben (den *ABS entsprechenden Fall werden wir hier nicht betrachten): *VER ist die erste Angabe. Für den Fall einer homogenen Struktur folgt dann z.B. (Zeilen /33/, /37/)

*ALL NETZ(-1, +1) 1 4

was bedeutet, daß im gesamten Mosaikautomaten Eingang 4 des jeweiligen Einzelautomaten im Gitterpunkt (i, j) mit dem Ausgang 1 des entsprechenden Einzelautomaten im Gitterpunkt (i+1, j-1) verknüpft wird. (Diese, auf den ersten Blick merkwürdige, Festlegung resultiert aus der Betrachtungsweise des Netzes als matrixförmiger Struktur.) Liegt dieser Gitterpunkt außerhalb des vorgegebenen Mosaikautomaten, so ist der Eingang 4 für den Automaten in (i, j) nicht definiert, d.h. er kann einen nicht vorherbestimmbaren Wert annehmen.

Soll nur ein Teil der Automaten miteinander verbunden werden, so ist dies z.B. folgendermaßen zu beschreiben:

*TEI NETZ(-2, -3) 1 : NETZ(2, 1) - NETZ(4, 2Ø) 3

hat zur Folge, daß nur die in den Gitterpunkten (2, 1) bis (4, 2Ø) befindlichen Automaten analog zu *ALL verbunden werden.

*EIN NETZ(15, 2) 5 : NETZ(1Ø, 2Ø) 1

bewirkt die Verbindung des Eingangs 1 des Automaten (1Ø, 2Ø) mit dem Ausgang 5 des Automaten (15, 2Ø) .

Nach *ALL , *TEI und *EIN können wieder beliebig viele Festlegungen vorgenommen werden.

Die Strukturierung der Mosaikautomaten muß mit *END abgeschlossen werden.

6.1.2 Äußere Eingabe

Unter "äußerer Eingabe" wird die Information verstanden, die von der Außenwelt an einzelne Automaten gegeben wird, d.h. solche Information, die nicht von anderen Automaten herrührt. Oft wird man sich damit begnügen, den Mosaikautomaten autonom arbeiten zu lassen, d.h. nach Festlegen von Anfangszuständen und Werten an den Ausgängen (was, wie unten ersichtlich, einfach möglich ist) die Simulation ablaufen zu lassen. Bei der Simulation iterativer Automaten, aber auch häufig bei der Modellierung biologischer Gegebenheiten werden Eingaben aus der Außenwelt berücksichtigt. Dazu werden (im Hauptprogramm) eindimensionale Eingabevektoren deklariert, ihre Verknüpfung mit den Einzelautomaten wird festgelegt, und sie werden mit Werten gefüllt. Entsprechende Festlegungen beginnen mit *VER und enden mit *END . Dazwischen können Vereinbarungen verschiedenen Typs getroffen werden. *VOL 5 gibt z.B. an, daß alle Einzelautomaten an ihrem Eingang 5 den Wert der entsprechenden Eingabevektorkomponenten empfangen.

Die eindimensionale Struktur der Eingabe impliziert <u>nicht</u>, daß jeweils nur einzelne "Schichten" eines Mosaikautomaten äußere Eingaben empfangen können. Die Verbindung zwischen Einzelautomaten und äußerer Eingabe mittels *VOL festzulegen, ist dann möglich, wenn die Länge des Eingabevektors gleich der Anzahl der Einzelautomaten ist (Zeile /43/).

*TEI EING(1) - EING(4Ø) : NETZ(3,1Ø) - NETZ(6,19) 3

ist folgendermaßen zu interpretieren: Nur Teile des Mosaikautomaten werden mit der äußeren Eingabe verknüpft; am Eingang 3 des Automaten (3, 1Ø) liegt die erste Komponente des Eingabevektors, am Eingang 3 des Automaten (3, 11) die zweite, ... und am Eingang 3 des Automaten (6, 19) die vierzigste Komponente des Eingabevektors an - bei einer angenommenen Breite des Mosaikautomaten von z.B. 20 .

Sollen nur einzelne Automaten mit dem Eingabevektor verbunden werden, so geschieht dies z.B. mit

```
*EIN  EING(17) : NETZ(6, 7) 4
```

Die verschiedenen Eingabevektoren, die während des Simulationsablaufes benutzt werden sollen, lassen sich folgendermaßen (zwischen *FUE und *END) festlegen:

```
*INP1  EING(1)  - EING(8Ø) = X
*INP2  EING(1)  - EING(8Ø) = NO
       EING(15) - EING(45) = YES
       EING(3Ø) - EING(3Ø) = 5
```

Der Eingabevektor 1 enthält in den Komponenten 1 - 80 X , während beim Eingabevektor 2 die Komponenten 1 - 14 und 46 - 80 NO, die Komponenten 15 - 29 und 31 - 45 YES enthalten und die Komponente 30 5 . Jede Komponente des Eingabevektors kann maximal vier alphanumerische Zeichen aufnehmen.

Zur bequemeren Änderung einzelner Stellen des Eingabevektors sind weitere Möglichkeiten vorgesehen, die hier aber nicht näher erläutert werden.

6.1.3 Ausgabe

Ausgegeben werden können (wie unten näher erläutert wird) nach jedem Globalübergang oder nach einer bestimmten Zahl von Übergängen entweder die Zustände aller Einzelautomaten oder die aktuellen Stände gewisser Zähler (eines Teils) der Einzelautomaten.

Wird letzteres gewünscht, so muß folgende Deklaration gewählt werden:

```
*FES
  *AUS1  NETZ(2, 16) - NETZ(5, 21) ZAEHL 2 : 5
*END
```

hat folgende Bedeutung: Die Inhalte der Zähler Nr. 2 der Automaten (2, 16), (2, 21), ... werden zur Ausgabe vorgesehen (siehe auch Zeile /71/).

Es können mehrere Ausgabemuster beschrieben werden.

6.1.4 Eigentliche Simulation

Vor Beginn der eigentlichen Simulation muß eine Anfangskonfiguration eingegeben werden, d.h. die Einzelautomaten müssen definierte Zustände annehmen und wegen der Verknüpfung der Automaten untereinander sind auch die Ausgänge der einzelnen Automaten entsprechend zu füllen. Wir haben oben gesehen, daß dies prinzipiell mit der äußeren Eingabe verwirklichbar ist. Dabei sind aber die Einzelautomaten mit einem zusätzlichen "äußeren" Eingang zu versehen. In Fällen, in denen nur die Anfangskonfiguration von außen eingegeben wird, kann darauf verzichtet werden, wenn man von folgender Möglichkeit Gebrauch macht: Zwischen *ANF und *END können für die verschiedenen Automaten (oder auch nur für einzelne von ihnen) Anfangszustand und Ausgänge gesetzt werden (siehe auch Zeilen /73/-/76/). Zuerst wird durch

*AUT A1 ZØ

angegeben, daß sich die folgenden Festlegungen auf die Automaten vom Typ A1 beziehen und daß sie in den Zustand ZØ versetzt werden.

*AUS YES 2

bedeutet, daß an den Ausgängen 2 der Automaten vom Typ A1 YES anliegt. An Ausgängen, die nicht derartig spezifiziert sind, wird der Anfangszustand angelegt.

Darüberhinaus ist noch vorgesehen, worauf wir hier nicht näher eingehen wollen, daß nur für gewisse Bereiche des Mosaikautomaten Anfangszustände festgelegt werden, wobei analog zu Obigem ein "Überschreiben" möglich ist.

Das Wirksamwerdenlassen der verschiedenen Eingabemuster geschieht in der folgenden Weise (siehe auch Zeilen /77/, /78/):

*EIN 3 *SIM

Hierdurch wird ein Globalübergang simuliert, wobei am jeweiligen äußeren Eingang der Einzelautomaten der im Eingabemuster 3 definierte entsprechende Wert anliegt.

Durch Verwendung von

*SIM

wird jeweils ein Globalübergang des Mosaikautomaten erreicht. Die bei einem Globalübergang zwischen den untereinander verbundenen

Einzelautomaten ausgetauschten Werte sind entweder die nach *ANF angegebenen Anfangswerte oder die bei einem vorhergehenden Simulationsschritt erhaltenen Größen. Äußere Eingaben bleiben so lange wirksam bis sie explizit verändert werden.

Sollen Zählerstände (eines Teils) der Einzelautomaten in der durch *FES definierten Art ausgegeben werden, so geschieht dies durch

*AUS 1ØØØ5

Damit wird die im Ausgabemuster 5 definierte Ausgabe verwirklicht (Ausgabemuster k müssen mit *AUS $10^4 + k$ aufgerufen werden).

Um die augenblicklichen Zustände aller Einzelautomaten auszugeben, ist

*AUS 88888

zu schreiben.

Um Schreibarbeit zu sparen, kann das mehrfache Aufrufen von *EIN, *SIM, *AUS durch Anordnung in einer Wiederholungsschleife erreicht werden: Sie hat die Form

*WIE
15
.
.
.
*MARKE

wobei anstelle von $\vdots$ entsprechende Angaben stehen, deren Anzahl und Reihenfolge innerhalb der Schleife beliebig ist (siehe auch Zeilen /81/ - /85/). Der Wiederholungsfaktor (hier 15) ist $<10^5$.

Zum Abschluß sei noch erwähnt, daß ein Simulationsprogramm mit *TIT und bis zu 80 alphanumerischen Zeichen als Titel beginnen muß und mit *ENDE zu beenden ist.

6.2 Beispiel zur Simulation eines Mosaikautomaten

Am Beispiel eines sehr einfachen parallelen Algorithmus für ein Mustererkennungsproblem wollen wir ein Simulationsprogramm in der oben skizzierten Sprache betrachten.

Wir gehen der einfacheren Sprechweise halber von einer rechteckigen $m \times n$ - Retina (hier 15×10) aus Quadraten um die Gitterpunkte aus, in der Konfigurationen über zwei Zuständen, die mit "schwarz" (B) und "weiß" (W) bezeichnet seien, enthalten sind; wir betrachten dann z.B. die in Fig. 33 dargestellte Situation.

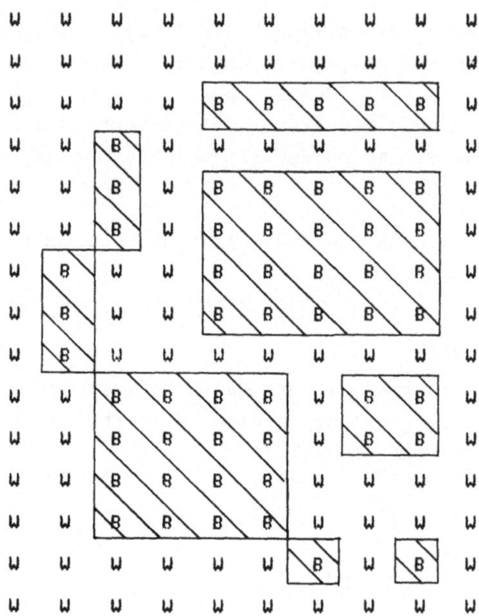

Fig. 33 Beispiel konvexer schwarzer Muster

Die Randschicht der Retina soll weiß bleiben. Schwarze Quadrate sollen zum selben Muster gehören, wenn sie bez. H_1 benachbart sind (d.h. eine gemeinsame <u>Ecke</u> ist nicht ausreichend). Die Aufgabe soll darin bestehen, die Konvexität der schwarzen Muster zu testen.

Ist ein M_1-Raster gegeben, so brauchen nur vier verschiedene Formen, die einen Defekt der Konvexität verursachen können, identifiziert zu werden (siehe Fig. 34).

B	B
B	W

B	B
W	B

W	B
B	B

B	W
B	B

Fig. 34 Defektmuster der Konvexität

Hat wenigstens ein weißes Quadrat eine entsprechende Belegung in seiner Umgebung, so ist mindestens eines der schwarzen Muster nicht konvex. Deshalb wird in einem ersten Schritt nach "Einlesen" der äußeren Eingabe auf das Vorhandensein eines solchen Defektes getestet und beim Vorliegen ein spezieller Zustand (F) angenommen, der sich dann in den weiteren Schritten bis zur Annahmezelle "ausbreitet". Ist diese Zelle nach einer Zeit max(m,n) im Zustand F , so ist dies zu interpretieren als Vorliegen eines nichtkonvexen schwarzen Musters.

Das folgende Beispiel eines Simulationsprogramms ist z.T. gekennzeichnet durch das Bemühen, verschiedene der oben genannten Möglichkeiten einzubeziehen; so wird z.B. als Annahmeautomat ein besonderer Automat ACC eingeführt, an dessen Zählerstand (0 entspricht: alle schwarzen Muster konvex, 1 : mindestens ein solches Muster nicht konvex) das Ergebnis abgelesen werden kann.

```
*TIT
     ERKENNEN VON KONVEXEN MUSTERN
*AUT *NAME A1
   *ZUZ 3,*ZAZ 0,*EIN 9,*AUS 1
   *TAF *GLE
      *BED - - - - - - - - B W
      *FOL B
      *BED B B B - - - - - - W
      *FOL F
      *BED - - B B B - - - - W
      *FOL F
      *BED - - - - B B B - - W
      *FOL F
      *BED B - - - - - - B B - W
      *FOL F
      *ROT *EXT 9,F - - - - - - - - -
      *FOL F
   *ENDTAF
*AUT *NAME ACC
   *ZUZ 2,*ZAZ 1,*EIN 9,*AUS 1
   *TAF
      *BED - - - - F - - - - W -
      *FOL F +1 F
      *BED - - - - - F - - - W -
      *FOL F +1 F
      *BED - - - - - - F - - W -
      *FOL F +1 F
   *ENDTAF
*NETZDEF
   *FEL 15,10
   *BES *VOL NETZ = A1
      *EIN NETZ(1,1) = ACC
```

```
        *VER *ALL
              NETZ[+0,-1] 1 1
              NETZ[-1,-1] 1 2
              NETZ[-1,+0] 1 3
              NETZ[-1,+1] 1 4
              NETZ[+0,+1] 1 5
              NETZ[+1,+1] 1 6
              NETZ[+1,+0] 1 7
              NETZ[+1,-1] 1 8
    *END
    *VER *VOL 9 *END
    *FUE
    *INP1
        EING[25] -EING[29]  = B
        EING[33] -EING[33]  = B
        EING[43] -EING[43]  = B
        EING[45] -EING[49]  = B
        EING[53] -EING[53]  = B
        EING[55] -EING[59]  = B
        EING[62] -EING[62]  = B
        EING[72] -EING[72]  = B
        EING[82] -EING[82]  = B
        EING[65] -EING[69]  = B
        EING[75] -EING[79]  = B
        EING[93] -EING[96]  = B
        EING[98] -EING[99]  = B
        EING[103]-EING[105] = B
        EING[105]-EING[106] = B
        EING[108]-EING[109] = B
        EING[113]-EING[116] = B
        EING[123]-EING[126] = B
        EING[137]-EING[137] = B
        EING[139]-EING[139] = B
    *INP2
        EING[1] - EING[150] = W
    *END
    *FES
    *AUS1
    NETZ[1,1] - NETZ[1,1]ZAEHL 1 : 1
    *END
    *ANF
    *AUT A1 W *AUS W 1
    *AUT ACC W *AUS W 1
    *END
    *EIN 1
    *SIM
    *AUS 88888
    *EIN 2
    *WIE
       14
       *SIM
       *AUS 88888
    *MARKE
    *AUS 10001
    *ENDE
```

Es werden zwei Typen von Automaten, nämlich A1 und ACC , in den Zeilen /3/ - /18/ resp. /19/ - /28/ deklariert.

Für A1 wird in /6/ und /7/ festgelegt, daß der Automat bei Anliegen der äußeren Eingabe B aus dem Zustand W in den Zustand B übergeht und am Ausgang B anliegt. Damit wird (mit /77/ und /78/) die Anfangskonfiguration aus der äußeren Eingabe übernommen. (Selbstverständlich könnte sie auch direkt mit *ANF ... gesetzt werden.) Um die Wirkungsweise der Zeilen /8/ - /15/ verstehen zu können, muß erst der Nachbarschaftsindex, d.h. die Numerierung der Nachbarn, betrachtet werden: Diese Festlegung geschieht für alle Einzelautomaten in /33/ - /42/ nach folgendem Schema:

2	3	4
1		5
8	7	6

Die Zeilen /8/ - /15/ bewirken also gerade, daß ein Automat im Zustand W bei Vorliegen der in Fig. 34 skizzierten Nachbarschaftsverhältnisse in den Zustand F übergeht und daß an seinem Ausgang F anliegt. Genau dann liegt ja ein Defekt der Konvexität vor. Die Zeilen /16/ und /17/ stellen in abgekürzter Weise die Vorschrift dafür dar, daß bei mindestens einem F in der Nachbarschaft der Automat A1 in den Zustand F übergehen muß; dies dient der globalen Ausbreitung der Zustände F . Daran ist auch zu ersehen, daß beim Auftreten von mindestens einem F das Anfangsmuster verändert wird, was sich natürlich z.B. durch zusätzliche Zustände oder durch Einführen eines Zählers auch für A1 vermeiden ließe.

Der Automat ACC geht bei Vorliegen von mindestens einem Zustand F in einem der drei infragekommenden (innerhalb der Retina gelegenen) Automaten aus dem Zustand W in den Zustand F über, ebenso wird der Ausgang gesetzt, und der Zähler wird um 1 erhöht. Ist der Automat einmal im Zustand F , so wird er nicht mehr verändert.

In den Zeilen /29/ - /32/ wird die aktuelle Größe des Mosaikautomaten festgelegt und seine Zusammensetzung aus Einzelautomaten.

/43/ beschreibt die Verknüpfung des jeweiligen Eingangs 9 aller Einzelautomaten mit der äußeren Eingabe, d.h. dem Eingabevektor

EING.

In /44/ - /68/ werden zwei Eingabemuster beschrieben, wobei im ersten Teile des Eingabevektors B enthalten, während im zweiten alle Komponenten des Eingabevektors den Wert W annehmen.

Es wird in /69/ - /72/ eine einfache Ausgabe vorgesehen, nämlich nur der Zähler des Automaten (1, 1) (d.h. von ACC), an dem das Resultat abgelesen werden soll.

Mit /73/ beginnt der "aktive" Teil des Programms: Die Zustände der Automaten A1 und ACC werden als W festgelegt und auch die Ausgänge entsprechend gesetzt.

/77/ und /78/ verursachen ein Übernehmen der Eingabe 1 , d.h. die mit den in /46/ - /65/ aufgeführten Komponenten des Eingabevektors verbundenen Einzelautomaten werden auf B gesetzt (gemäß /6/ und /7/), während die übrigen im Zustand W verbleiben.

Mit /80/ wird das homogene Eingabemuster 2 bereitgestellt. In der Schleife /81/ - /85/ werden 14 Globalübergänge durchgeführt, wobei im ersten der Test auf Defekte der Konvexität des durch *INP1 gegebenen Musters (gemäß /8/ - /14/) vorgenommen wird; tritt dabei ein nichtkonvexes schwarzes Muster auf, so wird mindestens einer der Einzelautomaten in den Zustand F versetzt. Die übrigen 13 Globalübergänge sind auf jeden Fall (bei unseren obigen Festlegungen) ausreichend, um ein evtl. aufgetretenes F an den Annahmeautomaten (1, 1) zu übermitteln (gemäß /16/, /17/ bzw. /22/ - /27/). Mit /86/ wird der Zähler von (1, 1) angegeben.

Bei der in Fig. 33 dargestellten Eingabe 1 ist die Ausgabe (des Ausgabemusters 1)

```
                    A U S G A B E

KOORD1  KOORD2       ZAEHLER NR       ZAEHLERSTAND
   1       1                  1                  0
```

Wird z.B. die Belegung von (5, 6) geändert, so tritt als Ergebnis 1 als Zählerstand auf.

7. Verschiedenes

In diesem Kapitel wird kurz auf Spezialisierungen von Mosaikautomaten und Zusammenhänge mit sequentiellen Automaten eingegangen, und es werden einige Bemerkungen zu Realisierungen (bzw. Konzeptionen dazu) von Mosaikautomaten gemacht.

I n o u e und N a k a m u r a [IN1] betrachten zellulare Automaten mit $m \times n$-Retina, von deren nordwestlichster Zelle eine Welle durch den zellularen Automaten läuft. Versetzt diese Welle die südöstlichste Zelle in einen markierten Zustand, so gilt die entsprechende Konfiguration als angenommen. Für $n \geq 2$ ist die Klasse der von solchen n-dimensionalen deterministischen zellularen Automaten angenommenen Konfigurationen echt in der Klasse der von solchen n-dimensionalen nichtdeterministischen zellularen Automaten angenommenen Konfigurationen enthalten. Der Vergleich mit analog definierten endlichen Automaten ergibt, daß für $n \geq 2$ die Klasse der von solchen Automaten angenommenen "Konfigurationen" nicht mit der von n-dimensionalen deterministischen zellularen Automaten angenommenen vergleichbar ist.

R o s e n f e l d [Ro1] stellt ein- und zweidimensionale endliche Automaten ein- und zweidimensionalen zellularen Automaten gegenüber und diskutiert das Annahmeverhalten bez. der Zeiten.

In [Ro2] ist ein Überblick über Array- und Web-Grammatiken (einschl. Bemerkungen über "normale" formale Grammatiken) und über die entsprechenden Annahmeautomaten enthalten, nämlich sequentielle Automaten, die auf Arrays und Webs (Graphen) arbeiten und auch ein- und zweidimensionale zellulare Automaten und Mischformen (parallel/sequentiell).

Ohne näher auf Erkennungsverfahren einzugehen, gibt W a n g [Wan] Erzeugungssysteme für rechteckige zweidimensionale Muster an: Zunächst wird (sequentiell) eine horizontale Grundlinie und dann werden (parallel) die darauf aufbauenden Vertikalen erzeugt. Die Musterklassen werden nach den Klassen der Chomsky-Hierarchie, aus denen die entsprechenden Grammatiken genommen werden, eingeteilt.

Es sei noch erwähnt, daß von W a n g und G r o s k y [WaG] in

Erweiterung des Ansatzes von R o s e n f e l d parallele Array-Grammatiken eingeführt werden, d.h. solche, wo analog zu L-Systemen die Ersetzungen parallel vorgenommen werden. U.a. wird gezeigt, daß solche parallele Array-Grammatiken und Mosaikräume bez. der Erzeugungskapazität äquivalent sind.

Von Wichtigkeit für die Anwendungen ist die Entwicklung solcher paralleler Algorithmen, die in Mosaikautomaten einer gegebenen, festen Größe implementiert werden können. Dabei treten insbesondere Probleme beim notwendig werdenden mehrfachen "Laden" des Mosaikautomaten und bei der Übergabe von Zwischenergebnissen auf.
Eine Vorstufe stellt [The] dar, wo die Erkennung contextfreier Sprachen in zweidimensionalen Zellularautomaten, die in einer Koordinaten -unabhängig von den Eingabedaten- beschränkt sind, untersucht wird.

Während hierbei die off-line-Konzeption gewählt wurde, gehen S e l k o w [Sel] und S e k i (zitiert nach [IN2]) von einer on-line-Verarbeitung aus: In eindimensionalen (modifizierten) iterativen Arrays werden sukzessive die Zeilen eines vorliegenden rechteckigen Musters eingelesen. Die Beschränkung ist hierin in der <u>einen</u> Schicht von Automaten zu sehen, die Breite hängt dagegen wieder von der Mustergröße ab. Bei S e l k o w darf anders als bei S e k i das Nachbarschaftsraster von der Arraygröße abhängen (und überdies für verschiedene Einzelautomaten unterschiedlich sein). Er untersucht die Zustandszahl der Einzelautomaten und die Rastergröße für gewisse Erkennungsprobleme, wobei ein Zähler, an den alle Automaten angeschlossen sind, das Ergebnis beinhaltet.
In [IN2] wird auf die Zusammenhänge zwischen der Annahmekapazität der von S e k i betrachteten Automaten und der von ihnen eingeführten, oben erwähnten ([IN1]), eingegangen.

Wir wollen hier nicht näher auf technische Realisierungen eingehen, sondern nur einige Literaturhinweise dazu geben.

Es liegen unterschiedliche Konzeptionen vor, von gitterförmigen Anordnungen von sehr einfachen Prozessoren, wie sie bereits 1959 von H o l l a n d [Hol] vorgeschlagen wurden, bis zu solchen von "ausgewachsenen" Computern, die von einem übergeordneten Steuerrechner mit einem Befehlsstrom versorgt werden, wie dies in der

ILLIAC IV (siehe z.B. [BBK]) -dem wohl größten derzeit existierenden Computer dieser Art- realisiert ist.

Einen Überblick über verschiedene Konzepte bzw. Realisierungen von Feldrechnern (oder Arrayprozessoren) vermittelt das Buch von M i e s und S c h ü t t [MiS] , wo daneben noch auf Assoziativrechner eingegangen wird. Die Bezeichnung "Feldrechner" geht dabei auf eine Arbeit von Z u s e [Zus] zurück, der bereits 1958 vorschlug, bei der Lösung partieller Differentialgleichungen Wertefelder auf einer Magnettrommel zu speichern und diese dann zeilenweise (parallel) abzuarbeiten.

Hingewiesen sei auch auf [ACM], wo allgemein Parallelprozessoren überblickartig behandelt werden. Feldrechner werden wohl nur am Rande erwähnt, die Aufsätze vermitteln jedoch einen guten Einblick in die Problematik parallel arbeitender Systeme und können damit zur Herausarbeitung der Eigentümlichkeiten auch von Feldrechnern dienen und zugleich als umfangreiche Literaturübersicht verwendet werden. Außerdem sei auf [Fei] aufmerksam gemacht, worin neben Hardware- und Softwarebetrachtungen, auch spezieller Parallelprozessoren, u.a. parallele numerische Algorithmen enthalten sind.

D o m a n [Dom] und L e g e n d i [Le1], [Le3] betonen die Wichtigkeit von Konzeptionen, die sowohl technisch als auch ökonomisch realisierbar sind. L e g e n d i [Le1], [Le3] schlägt dazu vor, ein Feld von "kleinen" Automaten und einer zentralen Steuereinheit zu bauen, in der Terminologie der oben erwähnten Arbeit von S e i f e r a s [Ss1] also einen iterativen Array mit direkter zentraler Steuerung. Die einzelnen Automaten werden nach dem H_1-Raster verknüpft und haben jeweils nur direkten Zugriff zu einem Teil des Speichers ihrer Nachbarn (zwecks Einsparung von Verbindungsleitungen). Jeder Automat verfügt (also) noch über einen "Privatspeicher", in dem er Zwischenergebnisse und Informationen über seinen Status ablegen kann. Die Überführungsfunktionen werden nicht in den Einzelautomaten realisiert, vielmehr gibt die Steuereinheit entsprechende Anweisungen (als Folge von Mikroanweisungen), aus denen sich die Automaten die auf sie zutreffenden (gemäß Statusinformation und Nachbarschaftsbelegung) auswählen und ausführen. Damit lassen sich dann auch leicht inhomogene (bez. der Überführungsfunktion) Strukturen realisieren.

Solch ein iterativer Array sollte i.allg. nur in Verbindung mit einem Universalrechner betrieben werden. Ein derartiges Konzept (Kombination von Universalrechnern und Mosaikautomaten) scheint insbesondere für Mustererkennung und Bildverarbeitung erfolgversprechend. Beispiele von solchen existierenden bzw. geplanten oder im Bau befindlichen Rechner sind u.a. in [Goy], [DuW], [Kuz], [Par], [Sch] und [SDW] beschrieben.

Anhang

Im folgenden ist eine Überführungstafel für die in Abschnitt 3.2.3 beschriebene Synchronisation mit dem General an beliebiger Stelle angegeben. Die Anordnung entspricht der der Tabelle aus Algorithmus 3.2.

Im Anschluß daran sind zwei Beispiele aufgelistet.

Z0	Z0	Y	:	Z
Z0	Z0	Z0	:	Z0
Z0	G	Z0	:	S
Z0	E	Z0	:	W
Z0	X	Z0	:	Z0
Z0	Z0	K	:	Q
Z0	K	K	:	K
Z0	L	E	:	Z
Z0	L	K	:	X
Z0	A	K	:	Q
Z0	B	K	:	Q
Z0	R	K	:	Q
Z0	Z0	G	:	L
Z0	X	G	:	K
Z0	X	L	:	K
Z0	K	S	:	X
Z0	E	S	:	W
Z0	L	Y	:	Z
Z0	K	Z	:	I
Z0	I	Z	:	I
Z0	Z0	X	:	Z0
Z0	G	X	:	K
Z0	S	X	:	K
Z0	-	K	:	Q
Z0	-	L	:	L
Z0	-	R	:	R
Z0	-	Q	:	Q
Z0	-	Z	:	Z
Z0	K	-	:	I
Z0	S	-	:	S
Z0	H	-	:	H
Z0	I	-	:	I
Z0	W	-	:	W
H	K	Z0	:	I
H	Z0	K	:	A
H	K	K	:	K
H	B	K	:	A
H	Q	K	:	A
H	Y	K	:	A
H	I	A	:	K
H	I	B	:	K
H	-	A	:	B
H	-	B	:	A
H	I	-	:	I
H	-	-	:	Z0

I	K	Z0	:	R
I	A	Z0	:	R
I	K	D	:	R
I	Z0	A	:	K
I	K	A	:	K
I	K	B	:	R
I	R	B	:	K
I	K	H	:	R
I	Z0	-	:	R
I	R	-	:	Z0
Q	A	Z0	:	K
Q	B	Z0	:	H
Q	Z0	K	:	H
Q	D	K	:	H
Q	A	K	:	K
Q	B	K	:	H
Q	R	K	:	H
Q	B	H	:	K
Q	-	Z0	:	H
Q	-	H	:	Z0
Z	Z0	A	:	H
Z	Z0	B	:	H
Z	-	Z0	:	H
Z	-	H	:	Z0
G	Z0	Z0	:	D
G	X	Z0	:	K
G	Z0	X	:	K
G	X	X	:	F
S	-	-	:	Z0
L	-	-	:	Z0
E	Z0	Z0	:	A
E	K	Z0	:	A
E	R	Z0	:	B
E	Z0	K	:	A
E	Z0	R	:	B
R	Z0	K	:	Q
R	K	K	:	K
R	K	B	:	A
R	A	Q	:	K
R	B	Q	:	K
R	K	I	:	A
R	K	E	:	A
R	-	Q	:	Q
R	A	-	:	B
R	B	-	:	A

R	-	-	:	Z0
B	R	Z0	:	B
B	I	Z0	:	K
B	I	A	:	K
B	I	H	:	K
B	Z0	Q	:	K
B	A	Q	:	K
B	R	Q	:	K
B	H	Z0	:	Z0
B	H	A	:	Z0
B	-	R	:	Z0
B	R	-	:	Z0
D	K	Z0	:	X
D	I	Z0	:	X
D	Z0	K	:	Y
D	K	K	:	K
D	L	K	:	Y
D	K	S	:	X
D	Z0	Q	:	Y
D	I	Q	:	K
A	I	Z0	:	K
A	K	K	:	K
A	I	K	:	K
A	Z0	Q	:	K
A	K	Q	:	K
A	-	R	:	R
A	H	-	:	H
W	A	Z0	:	R
W	B	Z0	:	R
W	Z0	-	:	R
W	R	-	:	Z0
K	K	K	:	F
K	X	K	:	F
K	K	X	:	F
Y	Z0	Z0	:	A
Y	Z0	K	:	A
Y	Z0	H	:	B
Y	K	Z0	:	A

X Z0 Z0 G Z0 Z0 Z0 Z0 Z0 Z0 Z0 Z0 Z0 Z0 Z0 X

X Z0 L D S Z0 Z0 Z0 Z0 Z0 Z0 Z0 Z0 Z0 Z0 X

X K Z0 D Z0 S Z0 Z0 Z0 Z0 Z0 Z0 Z0 Z0 Z0 X

X K I D Z0 Z0 S Z0 Z0 Z0 Z0 Z0 Z0 Z0 Z0 X

X K R E Z0 Z0 Z0 S Z0 Z0 Z0 Z0 Z0 Z0 Z0 X

X K A B W Z0 Z0 Z0 S Z0 Z0 Z0 Z0 Z0 Z0 X

X K A B R W Z0 Z0 Z0 S Z0 Z0 Z0 Z0 Z0 X

X K A Z0 A Z0 W Z0 Z0 Z0 S Z0 Z0 Z0 Z0 X

X K A Z0 A Z0 R W Z0 Z0 Z0 S Z0 Z0 Z0 X

X K A Z0 A R Z0 Z0 W Z0 Z0 Z0 S Z0 Z0 X

X K A Z0 R B Z0 Z0 R W Z0 Z0 Z0 S Z0 X

X K A R Z0 B Z0 R Z0 Z0 W Z0 Z0 Z0 K X

X K R B Z0 B R Z0 Z0 Z0 R W Z0 Q K X

X K A B Z0 Z0 A Z0 Z0 R Z0 Z0 Q H K X

X K A B Z0 Z0 A Z0 R Z0 Z0 Q Z0 A K X

X K A B Z0 Z0 A R Z0 Z0 Q H Z0 A K X

X K A B Z0 Z0 R B Z0 Q Z0 Z0 H A K X

X K A B Z0 R Z0 B Q H Z0 Z0 B H K X

X K A B R Z0 Z0 K K Z0 H Z0 B A K X

X K A Z0 A Z0 Q K K I Z0 H B A K X

X K A Z0 A Q H K K R I A Z0 A K X

X K A Z0 K Z0 A K K A Z0 K Z0 A K X

X K A Q K I A K K A Q K I A K X

X K K K K K K K K K K K K K K X

X F F F F F F F F F F F F F F X

X	Z0	Z0	Z0	Z0	Z0	Z0	Z0	Z0	Z0	Z0	G	Z0	Z0	Z0	Z0	X
X	Z0	Z0	Z0	Z0	Z0	Z0	Z0	Z0	Z0	L	D	S	Z0	Z0	Z0	X
X	Z0	Z0	Z0	Z0	Z0	Z0	Z0	Z0	L	Z0	D	Z0	S	Z0	Z0	X
X	Z0	Z0	Z0	Z0	Z0	Z0	Z0	L	Z0	Z0	D	Z0	Z0	S	Z0	X
X	Z0	Z0	Z0	Z0	Z0	Z0	L	Z0	Z0	Z0	D	Z0	Z0	Z0	K	X
X	Z0	Z0	Z0	Z0	Z0	L	Z0	Z0	Z0	Z0	D	Z0	Z0	Q	K	X
X	Z0	Z0	Z0	Z0	L	Z0	Z0	Z0	Z0	Z0	D	Z0	Q	H	K	X
X	Z0	Z0	Z0	L	Z0	Z0	Z0	Z0	Z0	Z0	D	Q	Z0	A	K	X
X	Z0	Z0	L	Z0	Z0	Z0	Z0	Z0	Z0	Z0	Y	H	Z0	A	K	X
X	Z0	L	Z0	Z0	Z0	Z0	Z0	Z0	Z0	Z	B	Z0	H	A	K	X
X	K	Z0	Z0	Z0	Z0	Z0	Z0	Z0	Z	H	B	Z0	B	H	K	X
X	K	I	Z0	Z0	Z0	Z0	Z0	Z	Z0	A	Z0	Z0	B	A	K	X
X	K	R	I	Z0	Z0	Z0	Z	H	Z0	A	Z0	Z0	B	A	K	X
X	K	A	Z0	I	Z0	Z	Z0	Z0	H	A	Z0	Z0	B	A	K	X
X	K	A	Z0	R	I	H	Z0	Z0	B	H	Z0	Z0	B	A	K	X
X	K	A	R	Z0	Z0	I	H	Z0	B	Z0	H	Z0	B	A	K	X
X	K	R	B	Z0	Z0	R	I	H	B	Z0	Z0	H	B	A	K	X
X	K	A	B	Z0	R	Z0	Z0	K	Z0	Z0	Z0	A	Z0	A	K	X
X	K	A	B	R	Z0	Z0	Q	K	I	Z0	Z0	A	Z0	A	K	X
X	K	A	Z0	A	Z0	Q	H	K	R	I	Z0	A	Z0	A	K	X
X	K	A	Z0	A	Q	Z0	A	K	A	Z0	I	A	Z0	A	K	X
X	K	A	Z0	K	K	Z0	A	K	A	Z0	K	K	Z0	A	K	X
X	K	A	Q	K	K	I	A	K	A	Q	K	K	I	A	K	X
X	K	K	K	K	K	K	K	K	K	K	K	K	K	K	K	X
X	F	F	F	F	F	F	F	F	F	F	F	F	F	F	F	X

Literaturverzeichnis

Vorbemerkung: Es ist eine alphabetische Reihenfolge der Abkürzungen gewählt, was gelegentlich zu einer "falschen" Reihenfolge bez. der Autorennamen führen kann.

[ACM] ACM Computing Surveys: Special Issue: Parallel Processors and Processing. Vol. 9, 1977.

[ACP] A m o r o s o , S., C o o p e r , G., P a t t , Y.: Some clarifications of the concept of a garden-of-eden configuration. Journal of Computer and System Sciences 10 (1975), 77-82.

[Al1] A l a d y e v , V.: Survey of research in the theory of homogeneous structures and their applications. Mathematical Biosciences 22 (1974), 121-154.

[Al2] A l a d y e v , V.: The behavioral properties of homogeneous structures. Proceedings of the International Symposium on Uniformly Structured Automata and Logic, Tokyo, 1975, 28-39.

[Al3] A l a d y e v , V.: The behavioral properties of homogeneous structures. Mathematical Biosciences 29 (1976), 99-134.

[AmE] A m o r o s o ,S., E p s t e i n , I.J.: Maps preserving the uniformity of neighbourhood interconnection patterns in tessellation structures. Information and Control 25 (1974), 1-9.

[AmG] A m o r o s o , S., G u i l f o y l e , R.: Some comments on neighbourhood size for tessellation automata. Information and Control 21 (1972), 48-55.

[AmP] A m o r o s o , S., P a t t , Y.: Decision procedures for surjectivity and injectivity of parallel maps for tessellation structures. Journal of Computer and System Sciences 6 (1972), 448-464.

[Ar1] A r b i b , M.A.: Simple self-reproducing universal automata. Information and Control 9 (1966), 177-189.

[Ar2] A r b i b , M.A.: Self-reproducing automata - some implications for theoretical biology. In: W a d d i n g t o n ,

C.H. (ed.): Towards a Theoretical Biology. Volume 2: Sketches. Chicago, 1969, 204-226.

[Ar3] A r b i b , M.A.: Theories of Abstract Automata. Englewood Cliffs, N.J., 1969.

[BaH] B a k e r , R.W., H e r m a n , G.T.: CELIA - a cellular linear iterative array simulator. Proceedings of the Fourth Conference on Applications of Simulation, New York, 1970, 64-73.

[Bal] B a l z e r , R.M.: An 8-state minimal time solution to the firing squad synchronization problem. Information and Control 10 (1967), 22-42.

[Ban] B a n k s , E.R.: Information Processing and Transmission in Cellular Automata. Ph.D. diss., MIT, Cambridge,Mass.,1971.

[BBK] B a r n e s , H.G., B r o w n , R.M., K a t o , M., K u c k, D.J., S l o t n i c k , D.L., S t o k e s , R.A.: The ILLIAC IV computer. IEEE Transactions on Computers, C-17 (1968), 746-757.

[Bey] B e y e r , W.T.: Recognition of Topological Invariants by Iterative Arrays. Ph.D. diss., MIT, Cambridge, Mass., 1969.

[BöD] B ö h m , C., D e z a n i - C i a n c a g l i n e , M.: To what extent can or must computations be parallelized. In: C a i a n i e l l o , E.R. (ed.): New Concepts and Technologies in Parallel Information Processing. Noordhoff-Leyden, 1975, 137-154.

[Bre] B r e n d e r , R.: A Programming System for the Simulation of Cellular Spaces. Ph.D. diss., University of Michigan, Ann Arbor, Mich., 1969.

[Bur] B u r k s , A.W. (ed.): Essays on Cellular Automata. Urbana, Ill., 1970.

[But] B u t l e r , J.T.: A note on cellular automata simulations. Information and Control 26 (1974), 286-295.

[Cod] C o d d , E.F.: Cellular Automata. New York, London, 1968.

[Col] C o l e , S.N.: Real-time computation by n-dimensional iterative arrays of finite-state machines. IEEE Conference Record of Seventh Annual Symposium on Switching and Automata Theory, 1966, 53-77.

[CsB] C s a n k y , L., B r e m e r m a n n , H.: Complexity of parallel computation. Arbeitsberichte des Instituts für Mathematische Maschinen und Datenverarbeitung der Universität Erlangen-Nürnberg, Bd. 9, Nr. 8, 1976, 31-45.

[Dom] D o m a n , A.: A three-dimensional cellular space (A challenge to Codd-ICRA). Acta Cybernetica 2 (1976), 345-360.

[Dra] D r a b n e r , M.: Bestimmung des Mittelpunktes von Mustern in zellularen Netzen. Studienarbeit, Braunschweig, 1975.

[DuW] D u f f , M.J.B., W a t s o n , D.M.: CLIP 3: A cellular logic image processor. In: C a i a n i e l l o , E.R. (ed.): New Concepts and Technologies in Parallel Information Processing. Noordhoff-Leyden, 1975, 75-86.

[Fei] F e i l m e i e r , M. (Hrsg.): Parallel Computers-Parallel Mathematics. IMACS, Amsterdam, New York, Oxford, 1977.

[Ga1] G a r d n e r , M.: The fantastic combination of John Conway's new solitaire game "life". Scientific American 223 (1970), 120-123.

[Ga2] G a r d n e r , M.: On cellular automata, self-reproduction, the Garden of Eden and the game "life". Scientific American 224 (1971), 112-117.

[Gen] G e n t l e m a n , W.M.: Some complexity results for matrix computations on parallel processors. Journal of the ACM 25 (1978), 112-115.

[Gob] G o l o m b , S.W.: Shift Register Sequences. San Francisco, 1967.

[Got] G o t o , E.: A Minimum Time Solution of the Firing Squad Problem. Dittoed course notes for Applied Mathematics 298, Harvard University, 1962, 52-59, with an illustration in color. Zitiert nach [Wak].

[Goy] G o l a y , M.J.E.: Hexagonal parallel pattern transformations. IEEE Transactions on Computers, C-18 (1969), 733-740.

[Go1] G o l z e , U.: Endliche, periodische und rekursive zellulare Konfigurationen: Vorgängerberechnung und Garten-Eden-

Probleme. Dissertation, TU Hannover, 1975.

[Go2] G o l z e , U.: Lokale und globale Synchronisation. In: G o l z e , U., V o l l m a r , R. (Hrsg.): Beiträge zur Theorie der Polyautomaten. Informatik-Berichte, Nr. 7703, Braunschweig, 1977, 23-35.

[Go3] G o l z e ,U.: Bibliographie über Zellräume. Unveröffentlichtes Manuskript, 1978.

[Go4] G o l z e , U.: Schaltarten für parallele Programmschemata und Zellräume. Habilitationsschrift, TU Hannover, 1978.

[Gra] G r a s s e l l i , A.: Synchronization of cellular arrays: The firing squad problem in two dimensions. Information and Control 28 (1975), 113-124.

[Ham] H a m a c h e r , V.C.: Machine complexity versus interconnection complexity in iterative arrays. IEEE Transactions on Computers, C-20 (1971), 321-323.

[HeL] H e r m a n , G.T., L i u , W.H.: The daughter of Celia, the French flag, and the firing squad. Simulation 21 (1973), 33-41.

[Her] H e r m a n , G.T.: Models for cellular interactions in development without polarity of individual cells. II. Problems of synchronization and regulation. International Journal of Systems Sciences 3 (1972), 149-175.

[HeR] H e r m a n , G.T., R o z e n b e r g , G.: Developmental Systems and Languages. Amsterdam, New York, 1975.

[HLR] H e r m a n , G.T., L i u , W.H., R o w l a n d , S., W a l k e r , A.: Synchronization of growing cellular arrays. Information and Control 25 (1974), 103-121.

[Höl] H ö l l e r e r , W.O.: Über Netze von Automaten mit variabler Struktur. Arbeitsberichte des interdisziplinären Modells DORA, Nr. D 1-5, Erlangen, 1974.

[HöV] H ö l l e r e r , W.O., V o l l m a r , R.: On "forgetful" cellular automata. Journal of Computer and System Sciences 11 (1975), 237-251.

[Hol] H o l l a n d , J.: A universal computer capable of executing an arbitrary number of sub-programs simultaneously.

1959 Proceedings of the Eastern Joint Computer Conference, 1959, 108-113.

[IN1] I n o u e , K., N a k a m u r a , A.: Some notes on n-dimensional on-line tessellation acceptors. Proceedings of the International Symposium on Uniformly Structured Automata and Logic, Tokyo, 1975, 103-112.

[IN2] I n o u e , K., N a k a m u r a , A.: On the relation between two-dimensional on-line tessellation acceptors and one-dimensional bounded cellular acceptors. Systems, Computers, Controls 7 (1976), 10-18.

[Jah] J a h n , B.: Zur Erkennung bestimmter Musteränderungen in Automatennetzen. Arbeitsberichte des interdisziplinären Modells DORA, Nr. D 1-7, Erlangen, 1974.

[Kas] K a s a m i , T.: A note on computing time for recognition of languages generated by linear grammars. Information and Control 10 (1967), 209-214.

[Ko1] K o b a y a s h i , K.: Solutions of the two-dimensional firing squad synchronization problem having a small firing time. Proceedings of the International Symposium on Uniformly Structured Automata and Logic, Tokyo, 1975, 163-170.

[Ko2] K o b a y a s h i , K.: The firing squad synchronization problem for two-dimensional arrays. Information and Control 34 (1977), 177-197.

[Kuz] K u z n i a , Ch.: Parallelrechner mit Mikroprozessoren.In: H ö r b s t , E. (Hrsg.): Mikroprozessoren und Mikrocomputer. München, Wien, 1977, 63-88.

[Ku1] K o s a r a j u , S.R.: On some open problems in the theory of cellular automata. IEEE Transactions on Computers, C-23 (1974), 561-565.

[Ku2] K o s a r a j u , S.R.: Speed of recognition of context-free languages by array automata. SIAM Journal on Computing 4 (1975), 331-340.

[Lae] L a e m m e l , A.E.: General purpose cellular computers. In: F o x , J. (ed.): Computers and Automata. Brooklyn, 1971, 591-608.

[Le1] L e g e n d i , T.: Cellprocessors in computer architecture. Computational Linguistics and Computer Languages XI (1976), 147-167.

[Le2] L e g e n d i , T.: INTERCELLAS - an interactive cellular space simulation language. Acta Cybernetica 3 (1977), 261-267.

[Le3] L e g e n d i , T.: Programming of cellular processors. In: G o l z e , U., V o l l m a r , R. (Hrsg.): Beiträge zur Theorie der Polyautomaten. Informatik-Berichte, Nr. 7703, Braunschweig, 1977, 53-66.

[LMS] L i p t o n , R.J., M i l l e r , R.E., S n y d e r , L.: Synchronization and computing capabilities of linear asynchronous structures. Journal of Computer and System Sciences 14 (1977), 49-72.

[Mar] M a r t i n , S.: Das Firing Squad Synchronization Problem. Studienarbeit, Erlangen, 1975.

[Min] M i n s k y , M.: Computation: Finite and Infinite Machines. Englewood Cliffs, N.J., 1967.

[MiS] M i e s , P., S c h ü t t , D.: Feldrechner. Mannheim, Wien, Zürich, 1976.

[MK1] M a r u o k a , A., K i m u r a , M.: Completeness problem of one-dimensional binary scope-3 tessellation automata. Journal of Computer and System Sciences 9 (1974), 31-47.

[MK2] M a r u o k a , A., K i m u r a , M.: Condition for injectivity of global maps for tessellation automata. Information and Control 32 (1976), 158-162.

[MK3] M a r u o k a , A., K i m u r a , M.: Completeness problem of multidimensional tessellation automata. Information and Control 35 (1977), 52-86.

[MoL] M o o r e , F.R., L a n g d o n , G.C.: A generalized firing squad problem. Information and Control 12 (1968), 212-220.

[Mo1] M o o r e , E.F.: Machine models of self-reproduction. Proceedings of Symposia in Applied Mathematics 14 (1962), 17-33.

[Mo2] M o o r e , E.F. (ed.): Sequential Machines. Selected Papers. Reading, Mass., 1964.

[Mül] M ü l l e r , H.: Selbstreproduktion in zellularen Netzen. Jahrbuch Überblicke Mathematik 1978, 67-86.

[Nak] N a k a m u r a , K.: Asynchronous cellular automata and their computational ability. Systems, Computers, Controls 5 (1974), 58-66.

[NaH] N a s u , M., H o n d a , M.: A completeness property of one-dimensional tessellation automata. Journal of Computer and System Sciences 12 (1976), 36-48.

[Neu] von N e u m a n n , J.: Theory of Self-Reproducing Automata. Edited and completed by A.W. B u r k s . Urbana, Ill., 1966.

[NgH] N g u y e n , H.B., H a m a c h e r , V.C.: Pattern synchronization in two-dimensional cellular spaces. Information and Control 26 (1974), 12-23.

[Ni1] N i s h i o , H.: A classified bibliography on cellular automata theory - with focus on recent japanese references-. Proceedings of the International Symposium on Uniformly Structured Automata and Logic, Tokyo, 1975, 206-214.

[Ni2] N i s h i o , H.: Real time sorting of binary numbers by 1-dimensional cellular automata. Proceedings of the International Symposium on Uniformly Structured Automata and Logic, Tokyo, 1975, 153-162.

[Par] P a r k i n s o n , D.: Technical Description of the Distributed Array Processor. ICL document number AP2, London, 1976.

[Pe1] P e c h t , J.G.: SIBICA - Ein Interpreter zur interaktiven Untersuchung zellularer Automaten. Manuskript, Braunschweig, 1976.

[Pe2] P e c h t , J.G.: Erfahrungen mit SIBICA, einem Programmsystem zum interaktiven Studium von 2-dimensionalen binären zellularen Netzen. In: G o l z e , U., V o l l m a r , R. (Hrsg.): Beiträge zur Theorie der Polyautomaten. Informatik-Berichte, Nr. 7703, Braunschweig, 1977, 77-86.

[Pe3] P e c h t , J.G.: Ein weiterer Ansatz zur Mustertransformation und -erkennung in zellularen Räumen. Wird als Dissertation eingereicht, Braunschweig, 1978.

[RFH] R o s e n s t i e h l , P., F i k s e l , J.R., H o l l i g e r , A.: Intelligent graphs: Networks of finite automata capable of solving graph problems. In: R e a d, R.C. (ed.): Graph Theory and Computing. New York, 1972, 219-265.

[Rom] R o m a n i , F.: The parallelism principle: Speeding up the cellular automata synchronization. Information and Control 36 (1978), 245-255.

[Ro1] R o s e n f e l d , A.: Sequential and parallel automata. In: C a i a n i e l l o , E.R. (ed.): New Concepts and Technologies in Parallel Information Processing. Noordhoff-Leyden, 1975, 123-135.

[Ro2] R o s e n f e l d , A.: Array and web grammars: An overview. In: L i n d e n m a y e r , A., R o z e n b e r g , G. (eds.): Automata, Languages, Development. Amsterdam, New York, Oxford, 1976, 517-529.

[RS1] R o z e n b e r g , G., S a l o m a a , A. (eds.): L Systems. Berlin, Heidelberg, New York, 1974.

[RS2] R o z e n b e r g , G., S a l o m a a , A.: The Mathematical Theory of L Systems. University Aarhus, Report DAIMI PB-33, 1974.

[Sal] S a l o m a a , A.: Formal Languages. New York, London, 1973.

[Sch] S c h o m b e r g , H.: A peripheral array computer and its applications. In: F e i l m e i e r , M. (Hrsg.): Parallel Computers - Parallel Mathematics. IMACS, Amsterdam, New York, Oxford, 1977, 183-186.

[SDW] S t a m o p o u l o s , C.D., D u f f , M.J.B., W a t s o n, D.M.: Some aspects of the logic function of CLIP 3. In: C a i a n i e l l o , E.R. (ed.): New Concepts and Technologies in Parallel Information Processing. Noordhoff- Leyden, 1975, 87-103.

[Sel] S e l k o w , S.M.: One-pass complexity of digital picture processing. Journal of the ACM 19 (1972), 283-295.

[Shi] S h i n a h r , I.: Two- and three-dimensional firing squad synchronization problems. Information and Control 24 (1974), 163-180.

[Sm1] S m i t h III, A.R.: Cellular Automata Theory. Technical Report no. 2, Stanford University, Stanford, Cal., 1969.

[Sm2] S m i t h III, A.R.: Cellular automata complexity trade-offs. Information and Control 18 (1971), 466-482.

[Sm3] S m i t h III, A.R.: Simple computation-universal cellular spaces. Journal of the ACM 18 (1971), 339-353.

[Sm4] S m i t h III, A.R.: Two-dimensional formal languages and pattern recognition by cellular automata. Conference Record of the 12th Annual IEEE Symposium on Switching and Automata Theory 12 (1971), 144-152.

[Sm5] S m i t h III, A.R.: Real-time language recognition by one-dimensional cellular automata. Journal of Computer and System Sciences 6 (1972), 233-253.

[Sm6] S m i t h III, A.R.: Introduction to and survey of poly-automata theory. In: L i n d e n m a y e r , A., R o z e n-b e r g , G. (eds.): Automata, Languages, Development. Amsterdam, New York, Oxford, 1976, 405-422.

[Ss1] S e i f e r a s , J.I.: Iterative arrays with direct central control. Acta Informatica 8 (1977), 177-192.

[Ss2] S e i f e r a s , J.I.: Linear-time computation by nondeterministic multidimensional iterative arrays. SIAM Journal on Computing 6 (1977), 487-504.

[Sz1] S z w e r i n s k i , H.: Persönliche Mitteilung, 1976.

[Sz2] S z w e r i n s k i , H.: Persönliche Mitteilung, 1977.

[Sz3] S z w e r i n s k i , H.: Eine zeitoptimale Lösung des FSSP in n-dimensionalen Quadern mit dem General an beliebiger Stelle. Manuskript, Braunschweig, 1978.

[Tak] T a k a c s , D.V.: A maximum-selector design in CODD-ICRA cellular automaton. Acta Cybernetica 3 (1977), 107-143.

[Tha] T h a t c h e r , J.W.: Universality in the von Neumann cellular model. In: B u r k s , A.W. (ed.): Essays on Cellular Automata. Urbana, Ill., 1970, 132-186.

[The] T h e m a n n , K.: Erkennung spezieller Sprachtypen durch parallel arbeitende Automaten. Diplomarbeit, Braunschweig, 1977.

[To1] T o f f o l i , T.: Cellular Spaces - An Extensive Bibliography. Report, University of Michigan, Ann Arbor, Mich., 1976.

[To2] T o f f o l i , T.: Computation and construction universality of reversible cellular automata. Journal of Computer and System Sciences 15 (1977), 213-231.

[VMP] V a r s h a v s k y , V.I., M a r a k h o v s k y , V.B., P e s c h a n s k y , V.A.: Synchronization of interacting automata. Mathematical Systems Theory 4 (1970), 212-230.

[VoS] V o l l m a r , R., S p r e n g , M.: Ein zellulares Netz als Modell eines Teilsystems der akustischen Informationsverarbeitung. Arbeitsberichte des Instituts für Mathematische Maschinen und Datenverarbeitung der Universität Erlangen - Nürnberg, Bd. 9, Nr. 8, 1976, 193-211.

[Vo1] V o l l m a r , R.: Über einen Interpretierer zur Simulation zellularer Automaten. Angewandte Informatik 6 (1973), 249-256.

[Vo2] V o l l m a r , R.: On an interpreter for the simulation of cellular automata. IFAC Symposium on Discrete Systems 3, Riga, 1974, 175-184.

[Vo3] V o l l m a r , R.: Yet Another Generalization of the Firing Squad Problem. Informatik-Berichte, Nr. 7601, Braunschweig, 1976.

[Vo4] V o l l m a r , R.: Cellular spaces and parallel algorithms - An introductory survey -. In: F e i l m e i e r , M. (Hrsg.): Parallel Computers - Parallel Mathematics. IMACS, Amsterdam, New York, Oxford, 1977, 49-58.

[Vo5] V o l l m a r , R.: On two modified problems of synchronization in cellular automata. Acta Cybernetica 3 (1977), 293-300.

[Wak] W a k s m a n , A.: An optimum solution to the firing squad synchronization problem. Information and Control 9 (1966), 66-78.

[WaG] W a n g , P.S.-P., G r o s k y , W.: The relation between uniformly structured tessellation automata and parallel array grammars. Proceedings of the International Symposium on Uniformly Structured Automata and Logic, Tokyo, 1975, 97-102.

[Wan] W a n g , P.S.-P.: Sequential/parallel matrix array languages. Journal of Cybernetics 5 (1975), 19-36.

[War] W a r g a l l a , L.: A Very Extensive Bibliography on Cellular Automata and Random Fields. Manuskript, Aachen, 1977.

[Wol] W o l p e r t , L.: The French flag problem: A contribution to the discussion on pattern development and regulation. In: W a d d i n g t o n , C.H. (ed.): Towards a Theoretical Biology. Vol. 1. Edinburgh, 1968, 125-133.

[YA1] Y a m a d a , H., A m o r o s o , S.: Tessellation automata. Information and Control 14 (1969), 299-317.

[YA2] Y a m a d a , H., A m o r o s o , S.: A completeness problem for pattern generation in tessellation automata. Journal of Computer and System Sciences 4 (1970), 137-176.

[YA3] Y a m a d a , H., A m o r o s o , S.: Structural and behavioural equivalences of tessellation automata. Information and Control 18 (1971), 1-31.

[You] Y o u n g e r , D.H.: Recognition and parsing of context-free languages in time n^3. Information and Control 10 (1967), 189-208.

[Zus] Z u s e , K.: Die Feldrechenmaschine. MTW-Mitteilungen V (1958), 213-220.

Sachverzeichnis

Teubner Studienbücher Fortsetzung

Mathematik

Ansorge: **Differenzenapproximationen partieller Anfangswertaufgaben**
298 Seiten. DM 29,80 (LAMM)

Böhmer: **Spline-Funktionen**
Theorie und Anwendungen. 340 Seiten. DM 28,80

Collatz: **Differentialgleichungen**
5. Aufl. 226 Seiten. DM 24,80 (LAMM)

Collatz/Krabs: **Approximationstheorie**
Tschebyscheffsche Approximation mit Anwendungen. 208 Seiten. DM 28,–

Constantinescu: **Distributionen und ihre Anwendung in der Physik**
144 Seiten. DM 18,80

Fischer/Sacher: **Einführung in die Algebra**
2. Aufl. 240 Seiten. DM 18,80

Grigorieff: **Numerik gewöhnlicher Differentialgleichungen**
Band 1: Einschrittverfahren. 202 Seiten. DM 16,80
Band 2: Mehrschrittverfahren. 411 Seiten. DM 29,80

Hainzl: **Mathematik für Naturwissenschaftler**
2. Aufl. 311 Seiten. DM 29,– (LAMM)

Hässig: **Graphentheoretische Methoden des Operations Research**
160 Seiten. DM 26,80 (LAMM)

Hilbert: **Grundlagen der Geometrie**
12. Aufl. VII, 271 Seiten. DM 24,80

Jeggle: **Nichtlineare Funktionalanalysis**
255 Seiten. DM 24,80

Kall: **Mathematische Methoden des Operations Research**
Eine Einführung. 176 Seiten. DM 22,80 (LAMM)

Kochendörffer: **Determinanten und Matrizen**
IV, 148 Seiten. DM 17,80

Kohlas: **Stochastische Methoden des Operations Research**
192 Seiten. DM 24,80 (LAMM)

Krabs: **Optimierung und Approximation**
208 Seiten. DM 25,80

Stiefel: **Einführung in die numerische Mathematik**
5. Aufl. 292 Seiten. DM 26.80 (LAMM)

Stummel/Hainer: **Praktische Mathematik**
299 Seiten. DM 28,80

Topsøe: **Informationstheorie**
Eine Einführung. 88 Seiten. DM 12,80

Velte: **Direkte Methoden der Variationsrechnung**
198 Seiten. DM 25,80 (LAMM)

Walter: **Biomathematik für Mediziner**
148 Seiten. DM 15,80

Witting: **Mathematische Statistik**
Eine Einführung in Theorie und Methoden. 3. Aufl. 223 Seiten. DM 26,80 (LAMM)

Fortsetzung auf der 3. Umschlagseite